安全的神话

The Myths of Security

安全的神话

The Myths of Security

John Viega 著

马 松 译

O'REILLY®

Beijing • Cambridge • Farnham • Köln • Sebastopol • Tokyo

O'Reilly Media, Inc.授权东南大学出版社出版

南京·东南大学出版社

图书在版编目（CIP）数据

安全的神话／（美）卫加（Viega, J.)著；马松译 . —南京：东南大学出版社，2013.5

书名原文：The Myths of Security

ISBN 978-7-5641-3917-9

I. ①安… II. ①卫… ②马… III. ①互联网络－安全技术 IV. ① TP393.408

中国版本图书馆 CIP 数据核字（2012）第 285444 号

江苏省版权局著作权合同登记

图字：10-2010- 449 号

安全的神话（中文版）

出版发行：东南大学出版社
地　　址：南京四牌楼 2 号　　邮编：210096
出 版 人：江建中
网　　址：http://www.seupress.com
电子邮件：press@seupress.com
印　　刷：扬中市印刷有限公司
开　　本：890 毫米 × 1240 毫米　32 开本
印　　张：9.5 印张
字　　数：247 千字
版　　次：2013 年 5 月第 1 版
印　　次：2013 年 5 月第 1 次印刷
书　　号：ISBN 978-7-5641-3917-9
定　　价：42.00 元（册）

本社图书若有印装质量问题，请直接与营销部联系。电话（传真）：025-83791830

O'Reilly Media, Inc.介绍

O'Reilly Media通过图书、杂志、在线服务、调查研究和会议等方式传播创新知识。自1978年开始，O'Reilly一直都是前沿发展的见证者和推动者。超级极客们正在开创着未来，而我们关注真正重要的技术趋势——通过放大那些"细微的信号"来刺激社会对新科技的应用。作为技术社区中活跃的参与者，O'Reilly的发展充满了对创新的倡导、创造和发扬光大。

O'Reilly为软件开发人员带来革命性的"动物书"；创建第一个商业网站（GNN）；组织了影响深远的开放源代码峰会，以至于开源软件运动以此命名；创办《Make》杂志，从而成为DIY革命的主要先锋；一如既往地通过多种形式缔结信息与人的纽带。O'Reilly的会议和峰会集聚了众多超级极客和高瞻远瞩的商业领袖，共同描绘出开创新产业的革命性思想。作为技术人士获取信息的选择，O'Reilly现在还将先锋专家的知识传递给普通的计算机用户。无论是书籍出版、在线服务还是面授课程，每一项O'Reilly的产品都反映了公司不可动摇的理念——信息是激发创新的力量。

业界评论

"O'Reilly Radar博客有口皆碑。"

——《Wired》

"O'Reilly凭借一系列非凡想法（真希望当初我也想到了）建立了数百万美元的业务。"

——Business 2.0

"O'Reilly Conference是聚集关键思想领袖的绝对典范。"

——CRN

"一本O'Reilly的书就代表一个有用、有前途、需要学习的主题。"

——Irish Times

"Tim是位特立独行的商人，他不光放眼于最长远、最广阔的视野，并且切实地按照Yogi Berra的建议去做了："如果你在路上遇到岔路口，走小路（岔路）。"回顾过去，Tim似乎每一次都选择了小路，而且有几次都是一闪即逝的机会，尽管大路也不错。"

——Linux Journal

目录

序

每位计算机用户或多或少都应该担心黑客可能会闯入自己的机器并窃取私人数据。毕竟，计算机软件是复杂并且有许多漏洞的——何况人们还会被伪装得很好的伎俩所欺骗。试图弄清楚计算机安全这一困难的问题让人感到力不从心，所以大家需要一个有效、易用、不会影响用户机器性能的安全产品。

计算机安全行业本应该扮演拯救者的角色。但在本书中，John Viega揭示了为什么会有很多人身处本来可以避免的险境之中。当计算机安全行业把责任归咎于坏蛋，甚至是计算机用户的时候，John Viega正确地指出了安全行业的问题。本书中有很多直言不讳的批评，希望能够让这个行业自省并产生一些积极的变化。如果安全厂商们不再为黑客提供闯入计算机所需的一切工具 [在迈克菲（McAfee）^{译注1}这是不可接受的]，而且大体上这个行业中的企业之间有更多的

译注1　McAfee，计算机安全公司，设计、生产包括个人计算机杀毒软件在内的安全产品，总部位于美国加利福尼亚州圣塔克拉拉市，2010年被英特尔收购。

合作以尝试解决问题而不是掩盖症状，那将是一个美好的世界。

本书让我觉得骄傲，因为它表明在我担任迈克菲的首席技术官期间，我们所做的工作位居行业的前列。当John抱怨反病毒系统的问题时，他说的都是其他厂商的问题，而且迈克菲已经在用业界领先的技术致力于解决这些问题，比如Artemis[译注2]。当迈克菲用Artemis改变游戏规则时，我可以说这正是在培育更好的技术，甚至将超越John在本书中所描述的反病毒理想境界的远景。目睹这些技术的诞生我感到兴奋，不仅因为它们是在我的关注下培育的，更因为它们用正当的方式从根本上改变了游戏规则。

尽管最近我已经从迈克菲退休了，但基于几个核心的原因我仍然坚信这家公司比业界的其他公司要做得好很多。第一，它是一家专注于安全的公司。从实践的角度讲，迈克菲的智慧不会用在其他的技术上面，比如存储。第二，它关心每一个需要保护的人，从普通消费者到企业客户。迈克菲频繁邀请消费者来参加会议，花很多时间倾听他们的声音。第三，迈克菲雇用了业界最好、最聪明的人才。尽管它有很多的专家，但迈克菲所做的不是仅仅在收集人才，而是真正地倾听这些人才的声音。当你花很多时间同时倾听专家和你试图保护的人的声音时，你能变得聪明，并能把工作做到令人惊讶的优秀程度。我所热爱的是创造真正的方案来解决真正的问题，而不是头痛医头，脚痛医脚。

能拥有如此多的专家，如John Viega，是迈克菲的运气。John为迈克菲做出了杰出的贡献，领导了很多新兴领域的工作，比如网络防护、防止数据丢失以及软件即服务（Software-as-a-Service）。同时他也在推动核心技术发展和加强实践方面扮演了关键角色。

译注2 http://www.mcafee.com/us/enterprise/products/artemis_technology/index.html。该链接原来位于文章中，为方便读者阅读，特将其移动至脚注中。

与John加入迈克菲之前相比，这些工作为迈克菲提供了更好的反病毒和产品安全技术。

我的哲学是一直致力于做到更好，以及总是努力让客户满意。通过与客户的紧密合作，不仅可以了解他们的问题所在，而且可以跟他们建立这样一种关系：不但允许客户对开发活动提出反馈意见，还要鼓励他们提出这些反馈意见。产品并不是诞生于真空。许多其他厂商仅仅依赖他们的聪明伙计，并不多多听取客户的意见，这让他们制造的问题比解决的问题更多。而有些公司，决策的出发点完全基于金钱和公司效益。我和John都不认同这些做法，John坚持为公司以及客户做正确的事情。

对于John和我自己而言，客户是第一位的。我们总是尽自己最大所能去做得更好。比如，我们已经推动迈克菲发布免费的软件，例如SiteAdvisor和Stinger恶意软件清除工具。总有些厂商通过把软件缺陷公之于众来获得利润，却把用户置于危险的境地，而John和我则总是致力为每一位软件用户做正确的事情。当我在迈克菲任职的时候，如果员工在别人的代码里面发现一个缺陷，我们的措施是去通知相关厂商，而不是通知全世界。（我们也会建议厂商不要公布这一问题，尽管他们常常并不听从这个建议。）而如果某些事情的确公布了，我们会提供免费的信息来帮助人们判断是否身处危险之中。

John的哲学是为客户做对的事情，这是绝对正确的。我希望整个安全行业都认同这个想法。或许这本书可以使行业中其他公司警醒。

通过为客户提供宝贵的帮助，John的领导力已经让他在迈克菲产品的各个方面都留下了烙印。他不惧怕做对的事情，即使这件事情不受欢迎。而且他也不惧怕为整个计算机安全领域发出"行动呼吁"，这正是他在《安全的神话》一书里所做的事情。我谨希望业界同仁也用跟我同样的角度来看待这本书，并将它当做建设性的批评以为每个人都建立更好的安全。基于我在这个领域过去15年多的丰富经验，能被我放到这个位置的书是寥寥无几的。当我与其他人谈论计算机安全领域时，我肯定会向他们建议阅读本书。

——克里斯托弗·波林（Christopher Bolin）
迈克菲前首席技术官和执行副总裁

前言

《安全的神话》是为任何对计算机安全感兴趣的人所写的书，无论这个兴趣是出于爱好、职业需要或者只是某些令你担心的事物。通过阅读本书，你将深刻了解坏蛋们做什么事以及好小伙（还有好姑娘）做什么事。你会发现好人经常办坏事——这些坏事把大家都置于危险之中。你还会了解到计算机安全行业一直以来都搞错了什么事情，并且它如何慢慢开始发生变化。

如果你已经拿起了本书，很大概率表明你对计算机安全的关心已经大大超过平均水平。每当安全行业以外的人问起我的职业时，我的回答总是激起以下三种反应的其中之一：

- 他们漠不关心地看我一眼并解释为什么他们不关心这个问题。比如，"我用苹果计算机（Mac）"或是"我让年轻人替我操心这个"。

- 他们问诸如"我该做什么来保障自己的安全？"这类的问

题，而当我给出答案时，他们就转换话题了，因为他们以为自己已经知道关于互联网安全的所有答案了。

- 他们给我讲发生在他们的计算机上的"恐怖事件"并问我能不能帮上点什么。

很多人很聪明，也精通计算机技术，但就是不关心安全问题，除非某些问题的发生可能影响到他们。他们愿意少量付出以让自己的计算机运行良好，但这些付出应当不会引起更多麻烦。例如，如果反病毒软件消耗过多资源而让计算机变得太慢时，一些人就会把反病毒软件停掉。

当你进入IT（信息技术）行业，你会发现很多人似乎对安全很感兴趣。它就像一个令人难以置信的挑战游戏。坏蛋是狡诈的，总是找到很多方法（常常是令人难以置信的创造性方法）来绕开其他人设置的所有防御。我们需要建造更好的防御系统以让坏蛋们少一些成功。

这是一个我们无法一直赢的游戏。

试想假如你要保护整个因特网，其中至少有16亿用户。我们假设每位用户的安全机制都是99.9%有效，并且至少每年遭到一次攻击。即便如此，一年仍然有160万的用户被感染。

从好的方面说，人们并不是时常遭到攻击。从坏的方面讲，安全防御失败一次就够让你身陷麻烦之中。只要涉及金钱，就总有人不惜为之铤而走险。并且，就算一个IT系统没有什么周知的安全隐患，坏蛋也会为达目的不惜撒谎、欺骗并偷窃。记住，坏蛋们在接触计算机前就得手了，而且会想尽办法找出最简单的途径。

如果你真正想知道的就是怎样才能保护自己，我在后续章节中的确涵盖了这方面的内容。但如果你不想看那么多，那以下的三个步骤大概可以保你平安：

1. 运行当前机器上的反病毒软件（当你的反病毒软件更新订购过期时不要忽略不管）。

2. 总是为你所使用的操作系统和应用程序安装更新，越快越好。

3. 在因特网上做任何事情之前，确认你是在跟合法的人员打交道，无论是在线购物、打开你所接收邮件的附件或者运行一个从网上下载的程序。

现如今，除非反病毒软件报警，否则你不会注意到计算机被病毒感染了，此时反病毒软件多半能够清除感染。但如果你的计算机似乎变得一团糟时（如莫名其妙地系统崩溃、运行缓慢、弹出很多广告），或许就是感染病毒了。这些情况下，正确的选择是找一个你信得过而且有能力处理这些问题的人帮你。这个人可能是你的孩子，或者是百思买（Best Buy）的"极客小队（Geek Squad）"。在最坏情况下，你的计算机可能就需要重新安装系统了，所以经常备份计算机里的数据也是一个不错的点子（尽管此时备份的建议听起来有点老生常谈）。

如果你首要考虑的是保障自己的安全，那到此为止你已经学到所有你需要知道的东西了，而这些可能都不是什么革命性的东西。无论如何，希望你有足够的好奇心再往下看一些，并了解更多有关计算机安全行业的知识。IT行业中的那么多人认为安全问题有趣是有原因的，而如果你读下去，或许你就明白了。

安全行业有足够大的市场空间，每年吸引超过100亿美元的资金。其中有数百家公司和上千种产品。大多数计算机用户需要关注安全问题。 IT安全市场很大的一个部分是集中在将解决方案销售给企业。一旦企业变得更大，就倾向于雇用具有一定安全知识的人来负责选购公司使用的安全技术。在本书中，对于这种类型的读者，我并不打算过多考虑他们的需求，哪怕这些人有足够好的理由来考虑IT安全（保住职位）。尽管在公司领域有太多的神话需要揭穿，但我的兴趣更多地倾向于解答普通用户的问题。

此外，大部分普通用户不需要操心诸如遵守萨班斯－奥克斯（Sarbanes-Oxley）法案或者来自不同安全厂商组成的管理委员会能否在彼此之间共享数据这样的事情。

为何要写《安全的神话》？

在计算机安全这样一个混乱和模糊不清的学科里孕育神话是很自然的一件事情。在本书中，我将厘清很多那一类的神话。

大多数人听过——并且可能相信——某些神话就是计算机安全行业自己炮制出来的。比如，曾经有很多非技术人员问我："迈克菲真的是自己先制造病毒然后再报告给用户吗？"（不是。）很多人可能都听说Mac要比Windows PC更安全，但事实要复杂得多。并且，大家都设想自己计算机上的反病毒软件正在保护着系统，但这一点是值得怀疑的。

安全行业的从业人员也有自己的错误观念。每个人似乎都认为漏洞研究社区正帮助提高安全性。但这不是真的，漏洞研究为坏蛋提供了便利。

对于这些问题我将讨论我的一些解决方案。我们认为很多这样的问题是难以处理的。正如我所说，坏蛋有天生的优势——但这并不意味着没有对付他们的办法。

致谢

为了鼓励我妈妈来读此书（她很聪明，但也许自认为可以不考虑安全问题，因为她用Mac），我将此书献给她。我非常幸运，在我的人生中认识很多了不起的人，这些人鼓励并信任我，而我妈妈是其中认识最久的。而且我知道她也是做得最棒的，因为没有什么比父母对孩子的爱更强烈。

我应该知道，因为无论我的女儿们，艾米莉（Emily）和莫莉（Molly），多么坚持地认为她们爱我胜过我爱她们，我都知道那是绝不可能的。谢谢孩子们，因为你们出色的表现。你们让我比你们想象得更快乐……这种快乐等到你们某天有了自己的孩子就会明白。并且，如果你们有孩子的话，我希望你们的孩子就像你们现在这样。通常当父母们这么说时，是因为孩子让他们觉得辛苦，所以他们要让孩子知道做父母是如何地不易。这里完全不是这样的意思。你们这些小朋友从没有让我觉得辛苦，做你们的父亲总是很轻松。我仅有的一点点遗憾，那是因为与现状相比，我希望我们能花更多的时间在一起。

一天之内绝无可能有足够的时间来完成一切。写一本书也不例外。一个人用来写作的时间一定来自于某处。对我而言，那就意味着我花在工作上的时间少了。所以我要感谢布雷克·瓦茨（Blake Watts）帮我弥补了我在工作上的懈怠之处，感谢他很早就审阅了本书的很多部分，还要感谢他的积极乐观，哦，当然也感谢他的出色贡献。

同样，我也要感谢我令人着迷的女友，黛比·莫伊丽罕（Debbie Moynihan），无论何事她都对我宽容以待。显然我并不是最棒的男朋友，因为我花了太多的工夫在工作和这本书的写作上，但她从未抱怨过，相反，她帮我审阅了整部手稿。我真是个幸运的人。

同样也感谢我的好朋友雷·考德韦尔（Leigh Caldwell）审阅了整部书稿。因为他如此慷慨地花时间做这件事情，虽然他从没问过我，我觉得我必须告诉他，我热爱读他的关于经济的博客：*http://www.knowingandmaking.cm/*。

当然，我要感谢其他审阅过本书部分内容的人们：克里斯托弗·霍夫（Christopher Hoff）、乔治·瑞斯（George Reese）、安迪·贾逵斯（Andy Jaquith）、戴维·考菲（David Coffey）、史蒂夫·曼西尼（Steve Mancini）以及subverted.org上的网友戴夫（Dave）。

本书写得很痛快。我写过的其他每一本书都太技术性了，需要辛苦地伏案写作。而在本书中，我只是分享我（鲜明而且常常有争议）的观点而已。这很有趣，但与我一同工作的奥莱利（O'Reilly）团队让这个任务更加令人享受。我的编辑，迈克·罗吉兹（Mike Loukides），总是有令人受启发的想法和很棒的反馈意见。当我的进度落后时，他能用恰当的方式来督促我而不致降低我的积极性。并且，他总是供应比萨饼和啤酒。我的文字编辑，艾米·汤姆森（Amy Thomson），不仅严格，而且总是用她在书页空白处留下的机智幽默的批注让我捧腹不已。此外，我也要感谢迈克·亨德里克森（Mike Hendrickson）（一个喝多了也妙语连珠的家伙），因为他说服我记下所有不吐不快的观点并结集成书，当时我只是打算在博客中写几件事而已。

麦特·迈西尔（Matt Messier）、戴维·考菲、雷·考德韦尔还有扎克·吉拉德（Zach Girouard），我最好的朋友们，也因为影响了我的思考而应该得到很大的赞誉（起码他们都在软件行业工作），还要感谢他们让我在一边写书一边创办公司时保持清醒的理智。

还有数以百计的人们对此书中所阐述的思想都有所贡献，因为人数众多，在此就无法一一列举——差不多是我在LinkedIn、

Facebook和Twitter上的每位联系人。我也非常感谢那些非技术行业的朋友们，他们帮助我形成了对这个世界的看法，并在必要时一起放松。

当我最初进入安全领域时，真正专注的事情是如何帮助开发人员在代码中消除安全漏洞。我自己也尝试涉足其他几个方向，但正是克里斯托弗·波林（Christopher Bolin）给予了我充分的信任，赋予我战略职责，让我横跨迈克菲庞大的安全产品线。由于他的帮助〔以及杰夫·格林（Jeff Green），他进一步地拓宽了我的职责范围〕，我站在一个很棒的位置进一步从整体上加深了对安全行业和商业的理解。绝大多数我在迈克菲共事过的人都令人难以置信的聪明和慷慨。感谢每一位继续使得迈克菲成为令人愉快的工作场所的人。

尽管很多人都对我关于安全领域的思考有所贡献，但与他们相比，我应为自己的观点负责。我很高兴在互相尊重的基础上与人争论，并且逻辑和事实能够改变我的看法。如果你想在互相尊重的前提下与我辩论任何事情，我将会尽最大努力回应。可以给我发邮件（*viega@list.org*），或者，我更倾向于你在Twitter上找我（*@viega*）。

如何联系我们

请将关于本书的意见和问题发给出版社：

美国：

O'Reilly Media, Inc.
1005 Gravenstein Highway North
Sebastopol, CA 95472

中国：

北京市西城区西直门南大街2号成铭大厦C座807室（100035）

奥莱利技术咨询（北京）有限公司

我们为本书制作了一个网页，上面列出了示例以及未来的出版计划。你可以通过以下网址访问这些信息：

http://www.oreilly.com/catalog/9780596523022/

你也可以发送电子邮件。如想被加入电子邮件列表或者索取图书目录，可以发送电子邮件至：

info@oreilly.com

可以将对本书的意见通过电子邮件发送至：

bookquestions@oreilly.com

更多关于我们的图书、会议、资源中心以及奥莱利网络（O'Reilly Network）的信息，可以访问我们的网站：

http://www.oreilly.com
http://www.oreilly.com.cn

第1章

安全行业是被破坏的

在念大学的时候，我参加的是由兰迪·波许（Randy Pausch）主持的 Alice项目，兰迪因"最后一课（Last Lecture）"而闻名于世。[译注1]Alice 是一个虚拟现实和三维图形系统——做这个项目让我在大学期间 获得了一些很酷的观点。然而，兰迪的项目的首要目标并不是为了 虚拟现实或者耍酷，而是为了让计算机编程变得容易。兰迪想让高 中生就能够编写他们自己的计算机游戏，而不是一定要由程序员来 编写。这样做的目的就是让他们不必在刻意的情况下编写程序。

当我在虚拟现实环境中制作了很酷的战斗机器人拿着真正的激光

译注1　兰迪·波许是美国卡内基·梅隆大学的计算机科学、人机交互及设计 教授，2008年7月25日因癌症过世。他在2007年9月18日登台做了题为 "真正实现你的童年梦想"的最后一课，风趣幽默，深切感人，获得 媒体的大量报道。可以在互联网上搜索到兰迪最后一课的相关视频， 详细生平介绍可以参见http://zh.wikipedia.org/zh/%E5%85%B0%E8%BF%A A%C2%B7%E6%B3%A2%E8%AE%B8。

剑后（实际是人手里拿着手电筒，但在虚拟现实中看起来就像激光剑），我发觉我对计算机图形实际上并不是那么有激情。但兰迪为普通人考虑，把事情变容易的思想绝对让我感到激动。

我初次与兰迪见面是在我上他的易用性工程 (Usability Engineering) 课时，这门课的内容就是让软件产品变得容易使用。当时我正在为是否要从事计算机行业而苦苦思索。我知道我很擅长这一行，但之前我上过的那些课程的确让我头疼不已，那些课程枯燥无味，只能让我在课堂上打瞌睡……例如Fortran编程语言和离散数学。

但在兰迪的易用性工程课开始的第一天，他给我们展示了一台录像机(VCR)并谈论了它是多么的难用，即使是做一些简单的事情，比如设置录像机的时间。他说录像机上的按钮是如何堆积在一起，让人很难分清楚什么键是干什么的。接着他让大家发言，说说他们在使用录像机时都碰到些什么令人沮丧的事情，以及其他一些常见物品的易用性问题，比如那些你认为应该能够关灯却关不了灯的电灯开关，或者那些你认为应该是推开但其实要拉开的门。

接下来兰迪戴上护目镜，拿出大铁锤，把录像机砸了个稀巴烂。然后他又把那些捐赠来的用户界面很糟糕的设备也毁掉了。

这件事情让我深受启发。它让我意识到整个消费电子行业和计算机软件行业在根本上都是有问题的，因为他们没有真正为用户提供良好的使用体验，只是够用就好。我环顾四周，似乎人们都在自以为了解用户的前提下生产产品，而不是花足够的时间来与用户沟通，甚至在差不多15年后的今天，这种糟糕的状况也少有什么变化，普通用户仍然不在优先考虑的范围之内。我见过很多的产品经理，他们的职责就是弄清楚做什么产品，但仅有其中的少数人会在用户的身上花大量时间。在项目宏大计划中的大多数工作，诸如支持销售业绩或者制作市场宣传材料这类的事情应该都没有以客户为中心更为重要。

从学校毕业之后，我就立刻转行进入了计算机安全领域，迄今为止我已经差不多在这一行工作了10年。这个领域很容易让人充满激情，因为糟糕的安全保障必然会对世界产生负面影响。差不多每个我所认识的使用微软Windows系统的人都有些恐怖的经历，比如病毒删除了他们的文件，让系统崩溃，要不然就是做了某些降低生产效率的事情。在大学期间，我已经见识过软件漏洞对连接在因特网上的计算机所产生的冲击，见识过黑客们删除计算机上保存的内容并把机器变得无法使用，所有这些都是由于第三方所写的代码中有些令人难以置信的细微问题。

很快，我就在这个领域加速前进了，接着就开始尽最大努力去影响这个行业。与盖里·麦克格罗（Gary McGrow）一起，我写了平生第一本书，讲述如何排除软件中的安全漏洞，这本书就是《Building Secure Software》（由Addison-Wesly出版，我们两位作者终于开始着手进行一次拖了很久的修订），另外我还写了其他几本书——其中我特别自豪的是《Secure Programming Cookbook》（由O'Reilly出版，*http://oreilly.com/catalog/9780596003944/*）。然后我创办了一家叫做Secure Software的公司，这家公司开发各种工具软件，用来自动发现在程序员所写代码中的安全性问题（公司后来被Fortify收购，现在我是Fortify的顾问委员会成员）。接着我入职迈克菲公司，就任副总裁以及首席安全架构师，需要特别指出的是迈克菲是世界上最大的专注于信息安全的公司［赛门铁克（Symantec）要比迈克菲大好几倍，但它还涉足跟安全没有关系的一些领域，所以这使得迈克菲能够这样严格地宣称］。在几年时间里我做了很多公司间收购合并的工作，同时还管理了迈克菲绝大多数核心技术的工程实现，这些技术被迈克菲的产品线共享使用，比如反病毒(AV)引擎，之后我离开去了另外一家初创公司，最后在不到一年的时间里又回到了迈克菲，这一次我担任"软件即服务"(Software-as-a-Service)事业部的首席技术官。

在我入行的10年之后，我的努力并没有让计算机安全世界变得更好。事实上，在许多方面，情况已经变得更差了。当然，部分是因为更多的人上网了，以及计算机安全是一件异乎寻常地难以做得正确的事情。

环顾安全行业的各个方面，我仍然看到是——用我朋友马克·科非（Mark Curphey）的话来讲，"安全狗屎"。这个行业没有专注在为用户提供良好使用体验的产品上。而且更为差劲的是，也没有真正专注于提供更为安全的体验，尽管"安全"是这个行业的名称所暗示的承诺。

例如，审视计算机安全行业的基石，每个人都或多或少觉得需要具备的软件：反病毒软件。绝大多数人都认为反病毒软件解决方案并不是非常好。而且，大多数情况下，这种看法是正确的（即使反病毒软件厂商正在持续尝试改进他们的产品）。这些解决方案通常都是15年前开发的，是为了解决当时的问题，而不是现在大家所面临的。长久以来绝大多数的主流厂商本来可以把工作做得好许多，但厂商的惰性使然，导致每个人都只能都运行糟糕的反病毒软件，这些软件消耗太多系统资源，但只能阻止连一半都不到的计算机病毒感染。

正如兰迪·波许挥锤砸烂一台录像机，我想要帮助人们认识到安全行业做错了什么，并且我希望至少能够鼓舞几个人在安全领域中把客户放在商业目标的第一位。

在本书中，我将花很多时间尽我所能来分享关于计算机安全行业的观点。我会尝试不仅指出我所看到的令人不忍目睹的问题，也会展示在哪些方面安全行业可以采取不同的做法。

对于书中大部分内容，我的批评将适用于大多数公司，而不是全部。比如，我已经对迈克菲在过去几年中取得的技术进展感到非常高兴。总体上，迈克菲已经倾听客户的意见，倾听其他很多聪明人以及我的意见。我会避免过多表扬迈克菲，但在许多情况下，你可以确信我所讨论的问题已经被迈克菲纳入了考虑的范围，并且我们或者已经解决了这些问题，或者正计划解决它们。

我不相信安全领域有"银弹"存在，我始终认为终端用户应该从他们付出的金钱中获得更多，包括更好的使用体验（如不会让他们的计算机变慢的反病毒软件）以及更好的安全保护（如不会让用户觉得反病毒软件无用）。很多小事从根本上就是错的，那么这个行业作为一个整体就是失效的了。

第2章

安全：无人关注！

为什么公众对信息技术（IT）安全市场的评价并不高？在不久之前，每一个主流新闻媒体都会定期报告计算机安全的问题。2001年，整个世界都知道了红码（Code Red）、尼姆达（Nimda）和红码2代（Code Red II）。而从那时起以后的7年多时间里，围绕着计算机安全的报道力度在逐步下降。自从2005年初的极速波（Zobot）病毒后（跟2001年的那些报道相比这只是个小新闻），没什么其他的报道能接近2001年的水平，即使是暴风雨蠕虫（Storm Worm）这个广为扩散的问题，也没有引起媒体太多的注意。

实际上，在我开始写作本书时，上述的说法还是正确的，但当本书完工时，Conficker蠕虫病毒已经在过去的半年里被技术出版物大量报道。每位安全领域的人都听说过这个病毒，并且很多IT工程师也都听说了。我已经在亲戚朋友间做过调查，却发现即使是那些最喜欢看新闻的人也不知道这个病毒，这意味着这些人如果看到一篇关于Conficker的文章，他们很可能就跳过去了。即使我那些从事科技行业的朋友对此也漠不关心，其中很多可能会关注这个新闻的人很早就转换成Mac用户了。

如今，科技行业或许了解很多关于安全的问题，但世界上的大部分人对此却鲜有耳闻。当然这并不是因为安全问题很少见。恶意软件的数量肯定在几年内会有一个指数增长曲线，因为恶意软件赚到了很多钱。这个庞大的恶意软件经济为什么没有成为大众主流的话题呢？哦，媒体不报道是因为大家不再关心这个话题了，而媒体报道得越少，就越少有人会关心，这样就创造了一个完美的恶性循环直达无知。话虽如此，还有很多其他的因素妨碍着人们关心这个问题：

恶意软件喜欢保持隐匿

曾几何时，如果你的计算机被恶意软件感染了，你可能会发现计算机变得奇慢无比并且弹出来的广告在屏幕上到处都是。恶意软件作者很快就发现如果感染现象这么明显的话，计算机用户就会花钱购买杀毒软件或者杀毒服务来把这些恶意软件清理干净，这样一来就赚不到什么钱了。所以时至今日，恶意软件典型的行为方式是做得不明显。即使当它发送广告时，恶意软件通常也不会弄得你受不了。你或许偶尔会发现弹出式广告，但不会是海量的。又或许那些合法出现的广告被悄悄地替换成了恶意软件发送的广告。这样一来，很多的恶意软件感染被人们忽略了，因此消费者的印象要么是他们的杀毒软件运行良好，要么是没那么多的安全问题。

安全产品不会让人时常想起

让我们假定桌面计算机安全解决方案实际上运行良好（尽管这不是一个很好的假设）。以传统的反病毒软件为例，有可能这个软件运行良好，主动阻止了有害软件在你的计算机上运行。一般消费者从来没有看到反病毒软件的运行，也不会认为这个软件有什么功劳。

后果不算太严重

很多消费者在等待《互联网启示录》译注1，到那时他们认识的很多人将会遭遇银行账户被盗取以及身份被冒用。一时之间，人们害怕进行网上交易，胆小的人甚至拒绝在网上买东西。其他人多多少少会感觉安心点，因为信用卡公司会承担过失责任。另外，不仅像信用卡盗窃这样的事情没有发生，而且就算是一个人的身份信息被盗用，也没法清楚地证明盗窃是在计算机上发生的。比如，假设你在美国，有人盗用了你的信用卡号码，这时的盗窃更可能是发生在餐馆，当他或者她拿着你的卡到柜台后面去刷卡时记下了你的信用卡信息。

新闻报道乏味

对普通人而言，红码、尼姆达以及其他类似事件差不多是同样的新闻报道。计算机安全事件不是好的头条新闻，因为太多内容跟上一个安全事件一模一样。是的，也许在受影响的人群、恶意软件的所作所为以及传播速度等方面会有那么一点点的区别，但尤其是当你（作为一个普通人）认为这个危险没有威胁自己时，那么最终你就会不再看这些新闻报道，然后就是记者将不再写这些新闻报道了——新闻报道是一门生意，它靠写大家愿意读的新闻报道赚钱。

安全行业不太可靠

如果某地的每个人似乎都"知道"比如反病毒软件"大部分都没用处"并且这些软件"把你的计算机变得慢得像在爬行似的"，那大家对计算机安全之类的事情将会毫不关心。姑且不论这类说法有没有包含真实的成分（的确包含真实成

译注1　《启示录》是《圣经》的最后一卷，记录了圣约翰关于世界末日的启示。也用来指影响巨大的事件，就像《启示录》中记载的有重大影响的事情一样。

分），安全行业的信用度的确并不是特别高（我没法跟你说
人们完全真诚地问过我多少次，迈克菲是否制造病毒然后才
能让自己的软件有点可以检测出来的东西）。所以如果一篇
新闻报道集中报道厂商，它将不太具有可信度。

让我们面对现实：在很大程度上，计算机安全对于世界而言只
能让大家乏味得打哈欠。不管这是不是一个大问题（是个大问
题），对人们来说就是无关痛痒，而且对这个行业造成了某些后
果：

- 消费者无法分辨不同安全产品间的区别。他们通常期望一款
  产品解决所有问题。

- 消费者不愿在安全产品上投入太多金钱。即使他们的确盼望
  买一款产品解决全部问题，但如果消费者被迫买全套产品的
  话，他们会觉得被打劫了。这是因为消费者并不知道入门级
  功能和高级功能之间到底有什么区别。由于对安全产品的价
  值预期不高，买全套产品就让人们觉得他们买了很多用不着
  的功能。

- 似乎人们觉得反病毒软件是必需的（尤其是对于Windows平
  台），但又对它的防护能力没有太大的信心。

一种有趣的结论是很多人并不留意他们的反病毒软件是否有效。
许多人的反病毒软件是某个主要反病毒厂商的OEM（Original
Equipment Manufacturer，原始设备制造商）预装产品（就是说当
他们从戴尔、惠普、Gateway或者其他什么厂商购买计算机时已经
安装在机器上面的软件），而这些消费者就认为这个软件是终身
免费的。然而，这些预装软件大多数都是有期限的，通常不会长
过一年的时间。当免费期限结束时，人们通常都不会续订。对此
有许多原因，但人们通常忽略Windows任务栏上弹出的烦人的气
球，接着要么就是没注意反病毒软件防护什么时候到期的，要么

就是忘了这回事情。

提高公众的认知度真的没有什么容易的办法。我想，认为反病毒软件能够有效保护消费者的想法正在公众的认知价值里迅速下滑，尤其是在免费反病毒解决方案的拖拽之下，比如AVG、Avira和Avast (抱歉了，开源世界，ClamAV没有注册)。尽管免费反病毒厂商的品牌名声不佳，但他们也有足够多的用户，这表明人们已经从根据品牌好坏作出使用的决定，转变为根据价钱高低来作决定了。当然也不是说我认定牌子越知名产品就越好，而是说使用知名品牌的话，可以节省在选择反病毒软件时研究比较的精力和时间。消费者们认为知名品牌会足够好用，否则它就不会成为知名品牌了。

不，我认为前进的道路既漫长又艰苦。有非常多悬而未决的问题，其中相当数量的问题我将在后续章节详述。

第3章

获取"控制权"比你想得容易多了

我认识很多自大的极客。他们自认为绝不会受到恶意软件的攻击，因为他们是如此地精通技术，而且他们也绝不会让自己处于危险的境地中。他们错了。

类似地，我还认识很多自大的计算机用户，有些是极客，有些不是。他们中包括苹果（Apple）用户军团，认为苹果的OS X操作系统比起其他系统来如魔法般地更好；他们中也包括相信微软市场宣传的人，认为Vista是史上最安全的操作系统。

这些人所相信的东西正中坏蛋们的下怀！

让我们来看看获取用户计算机"控制权"的一般方式，在一些案例中，我们将看到这比大多数人预期的要容易得多。

首先，获得"控制权"通常可能意味着几件事情中的一种。它可能意味着你在自己的计算机上安装了糟糕的软件（称为恶意软件）；或者，它也可能意味着你的网上银行细节信息被某个陌生人获取，不管你的计算机上是不是安装了恶意软件。

我们先从感染（安装恶意软件）讲起。一种非常普遍的恶意软件感染途径是由你自己亲手安装的。你也许点击了电子邮件中的一个链接，以为它是合法的网址，但实际上它不是。或者你可能从互联网上下载了一个应用程序，以为它是安全的，但事实上它是恶意软件。

有很多欺骗手段试图让人们下载糟糕的东西。你可以试着让人们相信他们正在下载的就是他们想要的东西。举例来说，想象一下18岁的男性上网搜索最新的明星色情录像。他们通过谷歌找到一个网站，该网站宣称可以免费下载视频，但是需要同时下载并安装一个用户计算机里没有的Windows Media Player插件。当他们点击"下载"来安装插件时，计算机中就安装了恶意软件。甚至还有更具欺骗效果的做法，就是同时下载安装了恶意软件和一个正常的插件，然后播放视频！

图3-1：恶意软件能够装扮成一个正常的下载，例如Windows Media Player

有很多种类的流行下载软件易于捆绑恶意软件，比如屏幕保护程序。所有的大型屏幕保护程序网站都有一些捆绑了广告软件和间谍软件的屏幕保护程序。另外，如果你搜索当下最酷的流行文化标志，你下载的任何可执行文件（比如一个游戏）立即就成为恶意软件的嫌疑犯。

好吧，如果你是超牛的极客，或许你会觉得自己的情况要比那些好多了。你不下载任何东西，除非下载的东西出自于声誉良好的厂商，并且你能看到很多其他人也下载了。这一点值得赞扬。但无论如何，仍然有很多情况下你以为自己下载的是某个应用程序，但其实是其他的东西，就像当有坏蛋在你的局域网中发动中间人（man-in-the-middle）攻击或者对你实施一次DNS缓存污染（cache poisoning）攻击（如果你不知道这些东西是什么也别担心，它不会妨碍我们讨论的主题），你仍有可能中招。幸运的是，这些攻击的情况还很罕见。

其他获取"控制权"的途径通常是有坏蛋利用了用户计算机系统的安全漏洞，尤其是在那些需要连接互联网的软件中，比如网络浏览器。网络浏览器包含非常多的代码，所以比较容易发生安全漏洞问题，这与开发人员的审阅检查有多努力无关（稍后本书中我将用一个专题来详细讲述这个问题）。

但问题是有很多网站或许试图利用浏览器的漏洞来进入你的计算机。如果你用易被攻破的浏览器和操作系统配置浏览了错误的网站，那么你的计算机很可能就将被安装了恶意软件（被动下载）。

网络浏览器并不是唯一易受攻击的应用程序。桌面应用程序也有问题，比如Microsoft Word，用它打开一个恶意数据文件时也会安装恶意软件。在微软的服务（即当用户不使用计算机时还在运行的程序。通常，服务允许其他计算机上的程序与本机连接或者通信）和其他一些重要的第三方软件中也曾经有过高危的安全漏洞，这些第三方软件是通过你的本地计算机上的服务处理由其他机器发起的连接请求。坏蛋们只需要与这些服务通信，然后他们就能够闯入你的计算机而不需要你的任何干涉。

有几种技术（比如防火墙）可以避免让因特网上的任何人看到易受攻击的服务，但也有很多其他情况会带来风险。举例来说，如果你的计算机是在公司网络中，通常公司网络中的计算机能与其他计算机无障碍地通信。如果有坏蛋控制了那个网络里面能看到你的机器的任何其他计算机，并且你的计算机上又运行着易受攻击的服务，那么你就危险了。还好，现如今，除了个别普通的网络服务之外，几乎没什么服务的默认状态是可见的（在过去，Windows系统在这个方面的确是出过大问题的）。

就算你没有运行一个易受攻击的浏览器或其他的软件处于不受保护的状态，也很容易被那些看起来正常但实际不是那么回事的东西愚弄。比如，如果你恰巧输入了一个错误的域名或者浏览了一个错误的链接，你可能会收到一个假冒的错误弹出窗口宣称恶意软件导致你无法加载链接，接着就会有一个看起来像出自于Windows的对话框试图帮你安装反病毒软件或者是反间谍软件，但实际上完全不是这么回事（图3-2和图3-3）。

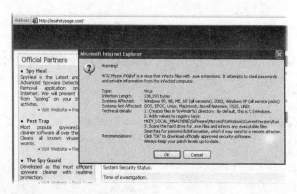

图3-2：有些恶意软件传播者耍花招，用这个看起来合法的对话框来让用户下载假冒的反病毒软件

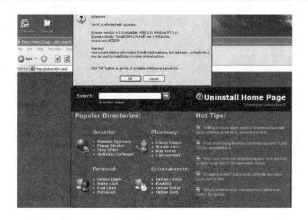

图3-3：这个对话框宣称提供反间谍软件的链接，而实际上提供的链接指向恶意软件

或者你可能得到另一个假冒弹出窗口，看起来像是Windows发出的，诱使你安装某些软件，而因为你认为这是微软建议的，所以多半也会安装（图3-4）。

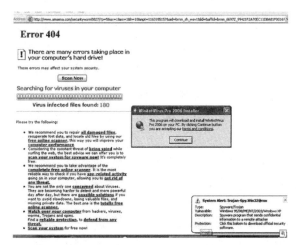

图3-4：这个假冒弹出错误窗口看起来像是一个Windows消息

有时这些假冒微软发出的消息会给你提供一系列的选项，努力让自己看起来更加可信（图3-5）。

图3-5：另一个欺骗用户的假冒消息，目的是让用户下载恶意软件

我认识的绝大多数自大的极客们仍然对这些现状不以为然。他们会宣称自己不浏览任何危险的网站，他们要么不需要安全软件，要么只运行来自信得过的厂商的软件，并且他们还运行"个人防火墙"用于确保用户的机器不接受任何来源不明的网络流量，即使在他们运行的软件服务被感染的情况下也是如此。

他们也不认为自己会陷入网络钓鱼（phishing）骗局。这些人训练自己学会忽略来自eBay的邮件，除非自己的eBay用户名在邮件中明确标出（当坏蛋们用假冒eBay邮件给大量人群发送垃圾邮件时，他们通常叫不出每个人的eBay用户名，因为他们不认识这些人）。类似地，他们也不会下载"一个朋友的明信片！"，除非朋友的名字被清楚地标出。但我仍然知道一些以前非常自大的极客曾经陷入过网络钓鱼骗局。

网强钓鱼者喜欢用奏效的招数，但偶尔也会换换路数。比如，就在我写这些内容的几周之前，网络钓鱼者们开始发邮件宣称收件人有无法投递的UPS包裹。邮件看起来就像是从UPS发出的，要求收件人提供正确的个人详细信息以便包裹递送。因为这个骗人手法比较新，有些非常精明的人就沦为了受害者。

但坏蛋们还有更多的花招。有种骗术叫做鱼叉式钓鱼(spearphishing)，是一种定制化的钓鱼方式，专门针对特定的公司甚至是特定的个人。你或许会收到一封好像是由你们公司信息部门发出的邮件，要求你登录某个门户网站去更新密码，因为密码快过期了。当然，如果邮件是坏蛋所发出的，这个网站就是假冒的，目的是为了捕获你的密码，而不是让你去改密码。

鱼叉式钓鱼可以轻易地用于针对个人和网络朋友的圈子。比如，让我们假设你想给我发一个有针对性的钓鱼尝试。首先，根据我的名字你能很快就获得我的几个电子邮件地址。同样，如果你是一个坏蛋，从某些列表中买到了我的电子邮件地址，你也能通过网络搜索轻易地找到我的名字（这都能变成自动化的步骤）。

比如说你想要花招让我去下载某些恶意软件，而你觉得把恶意软件伪装成我的一个朋友发来的明信片的话欺骗效果会很好。通过Facebook能够很容易就做到这点。首先，可以搜我的名字（图3-6）。

图3-6：欺骗试验的第1步：用Facebook搜集潜在受害人的信息

很棒，得到了唯一的结果。来看看我的朋友们（如图3-7所示）。为了这个试验，我创建了一个Facebook的临时账户，没有添加任何朋友，试验结束就会删除。

图3-7：欺骗试验的第2步：查看潜在受害者的Facebook朋友列表

很好，这下你就有了几百个名字可以用来发送明信片了。如果你自称住在马萨诸塞州的波士顿，你忽然之间就可以看到我的整个简介，获得我的全部个人嗜好，根据我所有的状态信息和工作经历想出针对我的办法。图3-8显示了我的个人简介示例，这些信息都是一个匿名用户的，任何人只要宣称住在波士顿，就可以看到。

这些都是Facebook的默认设置。你可以对陌生人隐藏自己的朋友列表，但这需要在Facebook上通过非默认的其他方式进行设置，所以很少有人会这样做。

坏蛋们可以轻易地用自动化的方式搜集此类信息。当合法站点如Facebook试图侦测出异常收集太多信息的用户时，坏蛋们能够一次收集一小点信息以避免被抓住，还能够送出数量很少但有针对性的邮件。这些邮件跟地毯式的密集邮件发送相比，有非常高的成功机会。

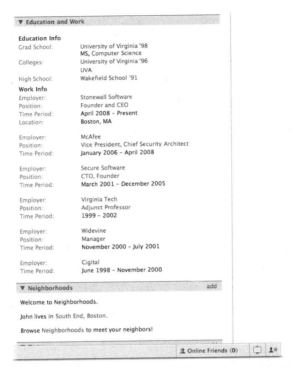

图3-8：欺骗试验的第3步：访问潜在受害者的Facebook个人简介以便收集信息

或许我的某些更自大的极客熟人会告诉我，他们从不打开贺卡邮件，哪怕是来自于自己的母亲或者女朋友（跟你约会的人通常会出现在同城名单中）。他们可能到目前为止对所有读过的邮件都保持免疫状态。那些通过社会关系或者身份搞欺骗的人绝不会愚弄到他们！

而且正如我们在前面所言，这些人也绝不会浏览不安全站点。但他们难道也不会浏览MLB.com（美国职业棒球大联盟的官网）或者《经济学人（The Economist）》的网站吗？极客站点如Slashdo呢？

所有上述的那些网站都是无可怀疑而且广受尊敬的，然而它们都有可能是让你感染的地方。坏蛋们购买主流网站的合法广告，然后偶尔在广告里偷偷添加点罪恶的东西，比如虚假的反病毒软件广告实际上是间谍软件。或者，它就是个看上去合法的广告，但是会试图利用计算机上的浏览器。这种情况会发生在任何提供广告的网站身上，就像CNN.com。当然，广告网络会尝试清除这些恶意软件，但通常这会很困难，尤其是当你意识到网站广告经常包含代码，而不仅是静态图片时。很多广告是用ActionScript开发的，它是Adobe的一种编程语言。

如果你偏好的网站上的广告已经利用了浏览器的安全漏洞，而你仍然不认为自己暴露在危险之下，那么你真的是非常自大的极客。我认为你是以下两种人中的一种：

- 你觉得自己绝不可能被耍弄，而且你费尽心力确保总是使用浏览器的最新版本。

- 你觉得自己安全，因为你使用的是苹果或者Linux系统，或者是小众浏览器比如Opera，或者你认为自己做的事情足够与众不同所以能保证自己安全。

如果你是上述第一种人，那你真的很勤奋，你仅有的真正顾虑就是当坏蛋开始利用"零日（zero day）"漏洞攻击你的浏览器时，意味着（差不多）浏览器的厂商不会在漏洞攻击蔓延之前修正这个问题。谢天谢地，"零日"漏洞攻击还不算发生得太多。

如果你是上述第二种人，只是意味着你靠增加坏蛋的攻击成本来保障自己的安全而已，也就是说坏蛋们可以在别处找到更容易得手的受害者。这或许并不总是对的。苹果用户应该特别警惕，很快我将会谈到这一点。

第4章

做坏蛋感觉不错

在本章我们会来看看坏蛋们闯入别人计算机的动机是什么，以及他们的脑袋里面在想什么。人们过去常为了一些很傻的理由制造计算机病毒和蠕虫：或许只是为了向自己或者朋友证明他们更聪明，或许他们想要制造痛苦。世上像这样的人并不太多。

不，身处黑暗势力中的大多数人只为一个原因：来钱快！

假设你是个坏蛋，用坏软件闯入了别人的计算机。为了赚钱你能做什么事情？这里有个远远不算完整的短清单：

- 你可以收集信用卡号码以及相关数据（比如信用卡验证码）。你可能会在用户使用在线购物网站输入这些数字时窃取这些号码，然后再转手卖给其他坏蛋们。最终有人可能会在某天或者某个特定的交易中使用这些信用卡信息，并希望信用卡持有人永远也不会发现这个欺诈。

- 你可以等待人们登录他们的网银站点，然后嗅探出重要的账户信息（比如用户名、密码、账号等等），甚至当机器空闲时接管连接以便把钱转移。

- 你可以收集任何种类的账户信息。举例来说，如果你收集了人们登录大公司内部网络的有效凭证，你或许会猜测这类信息可以拿到黑市出售。你甚至可以把普通老旧个人计算机的账户信息卖给需要的人，这些人想用这些来发送垃圾邮件。

- 你可以等候人们从在线商户买东西，就像Amazon.com这样的网站，然后欺骗在线商户让他们认为是你推荐了这些用户到Amazon网站购买特定商品的，而实际上这些用户是自己来的。这种攻击不会伤害用户，而是伤害商家，因为网站要给推荐人一笔奖金，但这个推荐人根本不配拿。

- 你可以从被感染的计算机发送垃圾邮件。你可能寻思为什么有人会做这个事情。如果坏蛋们只是从几个有限的地点发送垃圾邮件，就会被轻易地发现并在源头被屏蔽；而如果垃圾邮件是从数百万台计算机中发出的，其中的很多计算机是有合法用途的，那么想要解决垃圾邮件问题就会困难很多。

- 你可以向用户发送广告，如果你不发送用户就不会收到这些广告。这是很多广告软件公司的模式。他们常常向正当的商家推销便宜的广告。这些商家不关心广告公司如何让用户点击广告，他们只关心点击确实发生了。

- 你可以欺骗性地生成广告"点击"，从而令你自己的站点产生收入，你的这个网站上什么都没有，就是无数的广告。你架设好这个巨大的广告网页，然后让被感染的计算机点击这个网页上的广告（被感染用户甚至都不必看到这些网页），然后投放网络广告的公司就要为这些点击付给你推荐费。或者，如果你的生意有竞争者，你可能会点击竞争者所有的广告链接以便耗尽他们的广告预算，让他们的广告不产生任何

"真正的"点击流量（当预算用完之后大多数广告宣传就会停止）。

- 类似地，你可以把所有投递给一个用户的广告全部替换成你自己主页上的广告。这精确地模仿了"真正的"点击流量，让谷歌这样的网络广告公司都很难侦测到这种欺诈。

- 如果用户的计算机是用调制解调器上网的，你可以用这台调制解调器拨打1-900声讯号码（比如心理咨询热线）。你可以占用用户电话呼叫时间的便宜，然后让用户来支付电话账单。或者，如果你自己开办1-900声讯服务，你可以用这种办法收到钱。一般情况下，你会把呼叫控制成时间短、次数少，如此一来人们就会忽略，甚至是注意到后也懒得投诉。

- 如果你已经控制了数量庞大的被感染计算机，你可以从其他人那里收钱，让这些人用所谓的分布式拒绝服务（DDoS）攻击"拿下"知名的站点。或许此类需求的市场并不大，但拒绝服务（DoS）确实时有发生。大多数攻击可能是由有政治目的的坏蛋发起，或者只是人们搞的一点恶作剧。

- 你可以用一台被感染的计算机攻击另外一台。你可以闯入网络中的其他计算机，用任何前面提到过的技巧从刚被你感染的机器上赚钱。

- 你可以"绑架"重要的数据来索要"赎金"（例如私人照片、存放在本地的邮件信息、音乐文件以及视频）。这通常通过对计算机中的这些文件进行加密来完成，这样一来受害者就无法访问这些文件，除非他们拿到解密的密钥。

坏蛋控制的计算机越多，从赚钱的角度来说就越有利。拥有更多被感染计算机，就更容易制造垃圾邮件，并持续制造欺诈点击。如果这些事情是尽可能被分布到很多台机器上完成的，那么单一的计算机就不需做很多事情。

很多坏蛋最终会安装通用软件以便让他们可以远程控制任何他们想控制的东西。业界把这些软件称为僵尸网络软件（botnet software，"bot"一词是"robot"的简写，指的是被感染的计算机或许会运行自动化软件以满足坏蛋邪恶的要求）。

很明显，如果受害者对坏蛋夺取他们的计算机控制权的行为毫不知情的话，这样就能让坏蛋的经济利益最大化。有许多的坏蛋能够用受害者的计算机来牟利，而不让受害者知道坏蛋在他们计算机上的活动。一个坏蛋对别人计算机的入侵程度越低，他就越有利可图。所以，在现在这个时代，当一台计算机被入侵者控制，可能的情况就是坏蛋只想慢慢地、秘密地从计算机主人那里获取金钱，因为他不想被别人从计算机上踢出去！如果坏蛋做出某些极端的事情，比如劫持用户的文件（所谓的"勒索软件"，ransomware），那他可能永远也拿不到钱，而且如果把文件还给了用户，那么之后计算机可能会被大清理，继续用这台计算机赚钱就变得困难了。因此，勒索软件并不是非常受欢迎。

不过我防备着坏蛋们把这种勒索软件作为他们的最后一招——如果他们的主要恶意软件被侦测到并且被删除后，某些后备的勒索软件就会扣押计算机的数据作为"人质"以便作为最后一招。

说了这么多，一言以蔽之，当一个互联网上的坏蛋是有利可图的！那要比传统的犯罪行为容易多了，原因如下：

- 坏蛋不必在身体上接近受害者以实施犯罪行为。事实上，很多计算机侵害案件是从俄罗斯和其他国家发起的，这些国家的计算机犯罪的立法和执法都比较薄弱。如果罪行不在美国法律的有效范围之内，那么抓住并惩罚这些坏蛋就会非常困难。

- 计算机犯罪非常易于不留下任何真正的证据。尽管计算机的确有地址，在一定程度上可以追查，但一个坏蛋可以有很多手段来掩盖自己的网络痕迹。比如，有些系统允许人们在互联网上匿名地做各种事情。

总结起来，如果坏蛋有技术能力的话，计算机犯罪要比其他类型犯罪的成本低多了。而且有非常多的赚钱方法不用直接从终端用户那里偷窃（比如点击欺诈，这是从网络广告公司那里小额地偷窃）。另外，被捉住的人只是很小的一部分。所以这就解释了为什么在那些经济欠发达、高薪就业机会较少的国家里，计算机犯罪是一个受欢迎和有吸引力的职业。

第5章

检验一款优秀安全产品的方法：我会用它吗？

安全产品和安全公司多不胜数，而其中优秀者则寥寥无几。如果我发现一款优秀的安全产品，我会实际地使用它。

以下是我在过去5年中使用过的部分信息安全解决方案：

- SSH，唾手可得的远程登录实用程序，让我能够通过文本界面在远程机器上运行各种命令。

- SMTP、S-IMAP——SMTP（Simple Mail Transfer Protocol, 简单邮件传输协议）和IMAP（Internet Message Access Protocol, 互联网消息访问协议）的扩展协议， 让我的电子邮件客户端程序在身份认证和数据安全双重保护下与邮件服务器通信。

- 大量的RSA令牌和HID智能卡（RSA和HID是两家公司，生产很多产品用于证明你的身份以便让你访问各种资源，无论是一个计算机系统还是一扇大门）。

- 一些反垃圾邮件的产品（包括SpamAssassin），但没有一款产品解决了我的垃圾邮件问题。我的有些邮件账户的垃圾邮件多到一天之内要处理掉几百封。另一些账户基本没有垃圾邮件，反垃圾邮件工具只是标注几封我可能需要留意的邮件，然后把这些邮件替我隐藏到一个垃圾邮件文件夹中。

- 恶意网站过滤工具（SiteAdvisor），当我想从网站下载某些软件而我又不清楚这个站点的信誉时，这个工具就会被用到。我想安装插件，但还没有针对我的浏览器和操作系统同时都适用的插件可用（尽管苹果OS X平台上的Safari浏览器的SiteAdvisor是在本书付印后很快面世的）。所以我就去siteadvisor.com这个网站，然后手工查看网站的可靠度报告。别劝我转换到使用Firefox（火狐浏览器），我每年都尝试一次，但仍然不喜欢这个浏览器。

- 我被迫在工作时使用糟透的VPN(Virtual Private Network, 虚拟专用网)软件（通常是毛病一堆的Cisco客户端）。这个软件让我即使不在办公室里也能访问公司的网络资源。

以下是我不用的几个主要东西：

- **防火墙**。防火墙能够阻塞互联网流量，通常是基于流量的来源地和目的地。我认为在很多企业环境中防火墙很重要，因为人们会在机器上运行很多脆弱的服务，这些服务可以被很多人直接访问到。但在我的家庭环境中，线缆调制解调器和无线路由器都能够进行网络地址转换(Network Address Translation, NAT)，这就意味着我的计算机使用的是宽带服务提供商的内网地址，无法被直接访问到。人们从外网能够看到的东西就是那些允许他们看的，因为毕竟是我的个人计算机在发起连接。在我的个人服务器上，我不会开放任何我不用的服务端口。我过去曾经运行过自己的个人防火墙，我曾经尝试过几个不同的产品，但主要使用的是OpenBSD的PF（Packet Filter, TCP/IP数据包过滤器）。

- **反病毒软件(AV)**。尽管我过去曾经负责迈克菲的核心反病毒技术的开发工作，但我自己并不用这个产品。这个技术对于我而言并不是每天都必不可少的。部分原因是我使用苹果的Mac。然而，即使我使用微软的Windows，我会对自己所做的事情非常谨慎，所以就不运行反病毒软件。这不是对每个人都适用的决定。我会在后续章节详述反病毒软件和Mac的话题。

- **个人防火墙**。这个东西与普通防火墙类似，但它在你的个人计算机上运行，让你能够允许或者拒绝网络连接。与大多数人一样，我觉得个人防火墙太过骚扰而没什么用处。

- **虚拟化**。有一堆产品可以让每个应用程序看起来都像运行在单独的计算机上，所以如果一个坏蛋控制了一个应用程序，它不会影响其他的程序（比如，GreenBorder和Returnil）。也许将来有一天这些工具会变得优秀，但就目前而言，这些东西花费了我太多的精力（在各个虚拟机之间移动各种东西），让我得不偿失。

- 任何其他消费者安全产品。

很大程度上我忽略了这些问题：如果我负责企业的IT部门，我会使用什么软件或者解决方案。我仅仅详述了那些对普通用户有意义的相关企业信息安全内容。

如果我为一个大公司负责技术决策，我可能会尝试加强反病毒并且要求我的用户加密笔记本计算机中的所有数据，以降低笔记本计算机遗失或者被窃时给公司带来的风险。有很多决策对公司而言是有意义的，对个人用户则不然。

让我们来了解一下这些技术决策背后的详细原因。我使用的技术很多与身份认证技术有关，这项技术满足了一个关键的需求（人们通过这项技术可以知道他们在与谁打交道，或者他们登录了什么机器）。而且，除了需要一些设置和输入密码的工作外，所有这些工具或者软件之间的配合是无缝衔接的。咳，尤其是那些帮我记住密码的应用程序，它们已经无缝到了让我忘记网络上差不多任何应用都是需要密码安全认证的，比如即时消息、Twitter、Facebook等。并且，在进行身份认证的时候，加密应该是免费而且自动为用户加载的，无论是通过SSL (Secure Sockets Layer, 安全套接层，这是互联网链接的普遍加密方法)还是通过某些加密通信协议。

我不喜欢那些干扰我做手头工作的东西。这个听起来好像并不符合我自己的利益，但个人防火墙每5分钟弹出一个对话窗口已经让我的计算机安全状况变差了：在最初20个弹出窗口之后，计算机再遭遇不好的情况时，我已经懒得去读弹出窗口的具体内容，无论它说什么都直接点击"是"。然而我仍然觉得我好像是安全的。相反，现实中我保持着一点理性的怀疑，但个人防火墙太频繁地弹出对话窗实在会给人错觉。

我想用基于主机的安全技术（指运行在你的计算机上，而不是网络的某个地方的软件或者工具，如反病毒软件），这是因为我意识到，即使我已经高度警觉，但仍可能会有很多方式骗过我，包括软件漏洞和捆绑在合法软件中的恶意软件。但我还是没能说服我自己使用商业反病毒产品。这里的传统看法是对的——这些产品的防护能力有限而且它们会把机器拖慢。有些反病毒产品在准确率和性能上面都要比其他产品好，但对于我的Mac我还是没有找到什么好的解决方案。

普通的非技术用户应该运行反病毒软件，因为这样比较保险，也能起到一些防护效果，毕竟对于非技术用户而言，很难清楚地分辨什么是真正的危险。然而，对于像我这样的专业技术人员来说，我们只会采用操作简单、效果良好的安全技术，除非我们的老板有硬性要求。

第6章

为什么微软免费反病毒软件将无足轻重

微软最近宣布将停售他们的消费者安全产品OneCare；相反，他们将免费开放这个产品。

已经有好几个人来问我，问题包括"微软为什么要那样做？"以及"你认为迈克菲和赛门铁克害怕吗？"最近我读到一篇文章（*http://news.cnet.com/8301-10789_3-10102154-57.html*），其中谈到：

> 传统反病毒保护也许在变得过时，可能赛门铁克和迈克菲是时候开始提供各自的反病毒产品的免费版本了——这一点我已经说了好几年了。

这个说法可真是荒谬。

当微软首次进入反病毒软件市场时，反病毒厂商当然会极度地关注。因为他们认为微软将会采用他在其他市场领域中一样的做法——占领市场并把其他厂商赶尽杀绝。

大的反病毒厂商开始考虑如何弥补收入损失，他们认为这一点已经不可避免了。这些厂商觉得微软可能会痛击他们的消费业务，而他们又不能在很短时间内为满足企业的需求做好准备（某种程度上这是事实）。

从对Veritas的收购开始，赛门铁克就将业务拓展到相关的市场，使其收入多元化，并且发展壮大它的企业级产品和服务。与此同时，迈克菲的企业市场业务已经比较强壮了，它就专注于通过与戴尔这样的主要PC厂商达成巨额的OEM预装协议来保护其消费者市场的份额。为了这个市场定位，迈克菲在前期（免费预装阶段）付出大量资金，希望保有市场占有率，然后再在后期（PC消费者使用并续订服务阶段）获得收入。

是的，很长一段时间内反病毒厂商都被吓得拔足狂奔。但最后如何呢？很简单，微软进军反病毒市场的努力虎头蛇尾，以失败收场。

从微软的角度来说，它并非无所作为。当在竞争性测试中显现不利结果时，通过聘用最优秀和最聪明的人才，微软花费了数额巨大的资金来提高反病毒软件的特征提取能力（signature writing capability）。它从主要竞争对手那里挖走关键人物，并花费数量不菲的资金进行市场宣传。

时至今日，微软的威胁从来没有变成现实。尽管我还没有看到最近的市场份额数字，但截至2007年1月，微软勉强宣布占有1%的市场份额（实际上根据分析公司Piper Jaffray的数字，这个份额是

0.08%）。我没看到什么明显的证据表明微软极大改善了这一状况——也就是说，微软的反病毒软件业务明显失败了。

微软花费了资金，并且在一个相对较短的时间内做出了一款和竞争对手一样好的产品（不是明显好很多或者革命性的产品，只是有竞争力）。它也组建了一个大的团队，花费了很多资金来进行市场宣传。但人们就是不买微软的账。

什么地方弄错了？

首先，全世界长久以来形成的印象就是微软产品的安全性很糟糕。微软在最近十年的大部分时间里已经尽全力来改变这种印象，在产品安全方面投入了数十亿美元的资金。我肯定微软希望在市场中投放一款有竞争力的反病毒软件，这将会有助于印象的改善。微软肯定不会为此大量地投入资金，因为以微软的标准来看反病毒软件市场的机会很小，不值得投入大量的资金，仅仅为了在现有收入的基础上增长1%，而且至少需要10年的时间。是的，价值60亿美元的反病毒软件市场是微不足道的，当你拿它跟电子游戏市场的价值比较时更是如此。

我预测微软愿意保住一个缩水的业务并且捐献一个免费软件是为了在软件社区中赢得一个良好的声誉，以及逐步稳健地树立它有能力做好软件安全的形象，而不是他们在这方面非常糟糕。

但是，让我们假设有那么一刻最终用户们不再认为微软经常在安全方面犯愚蠢的错误。他们仍然不会正面地把微软与安全联系起来。大多数人甚至不知道微软的反病毒软件与其他主要杀毒软件大厂商的产品的水平相当，而且甚至比某些厂商的还要更好。

这种说法是真实的，因为微软不是一个安全软件厂商。人们（尤其是消费者）倾向于认为一个专门的安全软件厂商要比主业不是安全产品的公司做得更好。什么都做的厂商很少能精于某一项，人们普遍都这样认为。

就算微软打低价牌，人们仍然认为计算机安全是非常重要的事情，他们应该求助于一个更信得过的品牌。而那些对价格非常敏感的人则会转向其他价格便宜但出自专业安全软件公司的产品，比如AVG。

并不是说大家针对微软，不信任它能提供好的安全产品，而是他们无法相信任何主营业务不是安全软件的公司能把计算机安全这件事做好。哪怕是微软出手收购一堆技术过硬的小型安全软件公司，人们的印象也不会改变，没什么人会采用微软的安全技术。

微软在这方面永远没戏。我想当微软的免费反病毒软件发布时，人们拒绝它的核心原因并没有改变。如果我是迈克菲或者赛门铁克，我肯定不会被微软吓得腿发抖。想用免费反病毒软件的人早就有了选择，比如Avira和AVG。

让像迈克菲或者赛门铁克这样的大公司把个人用户反病毒软件免费并放弃这部分市场收入，这样的建议非常荒唐。我要是那些公司的话，我会把大量用户仍然乐于花钱购买的产品免费开放，自愿放弃40%的收入，让收入大缩水吗？绝对不可能。

是的，一些对价格非常敏感的用户能够接受一个不受信任的品牌（至少，是对他们而言知之甚少的产品），就会转向那些提供免费软件的厂商。这样一来免费反病毒软件可能就会看到足够的增长，而大公司的个人用户收入就会减少。然而，我没看到发生这种情况的那一天在靠近，新PC的装机量的增长率远远超过转换到免费反病毒软件，这就意味着付费的消费者还是在增长的。

如果我是一个大的安全软件厂商，我不会放心地提供一个免费、"轻量级"的产品版本。我认为人们可能会假定既然一个著名的软件厂商发布了这样的产品，那他们所需要的核心保护都应该在这个免费轻量级版本中了，付费版本只是噱头和点缀而已。除非是免费反病毒软件市场构成了某种显著的威胁，否则计算机安全厂商不应该冒险免费开放产品来把收入拱手让人。相反，这种时候公司所应该做的，是继续采取当微软惊动他们时所采取的措施——为进入相关的增长领域而投资。

第7章

谷歌是邪恶的

对于大部分工程师而言，谷歌是这样一个美妙的游乐园：在那里你可以为一些很酷的项目工作，人们都可能会实际用到这些项目的成果，而且你还可以在每周抽出一天的时间来从事取悦自己想象力的任何项目（他们管这叫"20%时间"）。与此同时，谷歌供应免费的食品和饮料，办公室里有按摩服务，提供很多游戏，并且通常鼓励创造力和乐趣。

如果你搜索这条短语"我爱谷歌（I love Google）"（包括引号），你会得到大约123 000个结果（当然是通过谷歌搜索）。我想这个结果已经相当了不起了——搜索"我爱微软（I love Microsoft）"只返回63 000个结果，搜索"我爱扎克·埃夫隆（I love Zac Efron）"(电影《歌舞青春》中的演员明星)只返回区区33 500个结果，而搜索"我爱约翰·维嘉（I love John Viega）"译注1就返回没有匹配的网页。

译注1　John Viega即作者本人。

谷歌或许不爱我，但我很爱谷歌，并且广泛地使用它的产品。然而，我经常发现自己赞同大约43 200个网页提到的"谷歌是邪恶的"，而不认可谷歌的企业口号："不作恶"。

我不认为任何为谷歌工作的个人是邪恶的（哪怕其中有几个可能的确挺邪恶的）。但如果你看看谷歌所做的事情，实际结果并不总是对最终用户有利。或许对于谷歌的股东来说是好事，从公司的角度讲也是正当的事情，但对于世界上的其他人而言并不是正确的事情。在有很多事情让谷歌变得邪恶时，我将重点放在为什么谷歌正在把世界变成一个更不安全的地方。

在我开始之前，是的，我知道谷歌非常注重安全。我有一些朋友已经在谷歌的与安全相关的项目工作很长一段时间了。我知道谷歌收购了Postini（一家从事垃圾邮件过滤的公司），并且用这家公司的技术做了一些很不错的事情（这些事情与谷歌收购的个人安全软件公司Green Border无关——与Green Border相关的软件甚至都没有放到谷歌软件包中，谷歌软件包是一个免费软件的集合，而且这个软件包在安全方面并没有特定功效）。我知道谷歌内部开发实践做得相当出色，至少与大多数公司相比是这样的。再次重申，我的确喜欢谷歌（我用它做大量的搜索），而且谷歌也做了很多的好事，但它也有邪恶的成分在其中——尤其是把世界变成了一个更加不合理的地方。

前面的章节谈到了一些有关点击欺诈（click fraud）的话题，即坏蛋在自己的主机上发布广告，然后再产生一些虚假的点击以便能够按照广告的点击数量拿到佣金。由于谷歌提供全球最大的网络广告，所以它也是这种欺诈的最大目标。尽管谷歌的确采取了一些措施来对抗这些欺诈（我很快就会讲到这一点），但我有理由认为谷歌很明显地回避了对公众更为有利的措施，因为这些措施并不符合公司的商业利益。

让我们深入了解点击欺诈。这要从谷歌的商业模式讲起。为产品打广告的公司会为广告投放向谷歌付钱。它们为广告每次被用户实际点击而付钱。谷歌能够将广告显示在搜索结果中，或者它也能够将广告显示在其他网站上。其他网站同意显示谷歌投放的广告，是因为谷歌会为来自这个站点的每次广告点击付钱。投放广告的用户通过谷歌的AdWords程序购买广告。网站的拥有者则通过AdSense程序给广告出租空间。

这其中欺诈的可能性太多了。比如，你可能看到过网站显示谷歌广告，然后网站的拥有者说类似这样的话："请点击广告来帮助支持这个网站！"这就是一种欺诈的形式，因为网站拥有者正在要求没有任何购买意向的人来点击广告。而且这种行为与谷歌的服务条款是相抵触的，所以别这么做！

但典型的欺诈是这样的：一个坏蛋架设一个网站，上面只有很少的跟AdSense关键字有关的实际内容，这将带来相当不错的回报，一次点击至少一美元。然后，她[1]去找一个网络社区的人做同样的事情，并且他们访问彼此的站点，偶尔点击广告链接。

坏蛋不能只访问自己的网站，因为谷歌会很快查出所有的点击都来自于同一个地方从而把这种行为认定为欺诈。

如果这些诈骗专家（con artist）的团体［有时被称为点击农场（click farm）］不够大，那么可能谷歌识别出这个骗局也不太难。但很多国际组织的犯罪团伙尝试在第三世界国家雇用大量的人手来进行点击，让他们在一天之内花两个小时用合理的速率进行点击，从而造成一种假象，即这些提供广告的站点是真实的网

1　　好吧，这次"坏蛋"是个坏女孩。我的编辑正把本书中的一些人称代词从"他"换成"她"以便让内容更加中立于性别。是的，女性也可能成为罪犯，但说实话……大多数情况下，只有男人们才够傻。

站，提供真实的内容。

谷歌会试着分析看起来不正常的趋势。比如，与网站提供的广告数量相比，如果一个坏蛋点击了太多的广告，她就等着被谷歌抓住吧。而且如果她开始从世界各地点击特定地点的广告，谷歌可能也会怀疑。这样的话，坏蛋们的目标之一就是让网络点击的流量看起来尽可能地正常，而不必费心费力地去想怎么得到真实的点击量。因此，这也是为什么坏蛋不得不在广告页面上提供正常的内容——她不得不认为谷歌正在监控着页面来看她是否在进行某种欺诈。

但如果坏蛋恰巧运行着一个小的僵尸网络（botnet），她绝对能用这个网络来产生某些虚假的点击。她甚至不需要一个非常受欢迎的网站。例如，她可以为某个价格高得离谱的关键字做广告。一个流行的恶意软件就是用来对坏蛋们架设的网站进行虚假点击的，网站广告针对的关键字是"间皮瘤（mesothelioma）"，这是一种长时间接触石棉导致的罕见癌症。律师们很乐意为点击支付大量的金钱，因为这个领域的诉讼能带来可观的报酬。所以，一次欺诈点击能够轻易地卖到从5美元到10美元不等。假设这个坏蛋想在不被抓住的前提下仍然赚到很多钱，并且假设任意时间内她的僵尸网络里面已经有1万台被控制的计算机（这只是僵尸网络的平均水平）。她可以让这些计算机中的几千台以一个常规的频率访问她自己的"癌症博客"（访问频率从每日一次到每月一次不等，主要是造成一种真实网络流量的假象）。她或许还能够保证让访问她博客的个人计算机位于人们可以流利说英语的国家之内。每点击一个页面，谷歌都会提供广告。所以，一天之内只不过有20次访问（平均下来），她实际上可以让僵尸网络中的一台计算机随机点击一个广告，然后再稍微浏览一下网站以便让它看起来像一个真正的用户在浏览网页。

每次点击广告可以获得10美元，一天点击20个广告，这个坏蛋在一年之内就能赚73 000美元。这些钱可以让一个人在俄罗斯奢侈地生活，因为那里的平均年收入仍然少于1万美元，而获得这些报酬只需要做很少的事情。

一个真正聪明的坏蛋会运营一个正常的癌症博客，并且会花点时间来宣传这个博客以获得少量的读者群。然后，一旦她的僵尸网络被揭露了，她就能辩解说是有人出于个人恩怨要把她从AdSense中剔除，而个人恩怨可能是由于博客中某些有争议的观点而产生的。

谷歌确实努力地试图发现欺诈之徒。它分析广告的请求以及点击的来源。它用能收集到的所有数据来查找异常，包括点击广告的计算机的互联网地址。一旦谷歌得出欺诈的结论，就会迅速关闭AdSense账号，然后再把钱返还给购买谷歌发布广告服务的人。

当你考虑到谷歌所做的这一切的时候，我怎么还能说它是邪恶的？因为它没有合理地尽它所能做的一切来解决这个问题。

首先，要指出很重要的一点就是谷歌有一个固有的利益冲突。它从投放广告的人那里收取费用，然后付钱给那些愿意在网站上贴广告的人。但是，对于一次点击而言，谷歌无疑会让广告投放人支付的费用多于谷歌付给在网站上贴同一个广告的人的报酬，一个广告的点击越多，谷歌就能从搜索的问题中索取更多的费用。所以，至少在短期内，欺诈点击让谷歌赚到了更多的钱。

从长期来看，如果其他广告网络能够为广告投放者们所支出的金钱带来更多的回报，它最终会伤害到谷歌。但是，目前谷歌扼住了市场的咽喉，因为它比竞争对手付给合法网站拥有者的钱更多。

然后，如果我们用谷歌公布的欺诈点击数量来与独立第三方发现的欺诈点击数量作对比，就会很清楚地发现欺诈点击数量要远多于谷歌实际发现的数量。

特别是，虽然谷歌不愿给出具体的数字，但它宣称只有"少于10%"的点击是欺诈性质的，而且这些欺诈点击中的98.8%都会在收取费用前被抓住。

相反，独立评估者始终估算出用户已支付费用的欺诈点击数量超过10%。比如，在2007年底所做的一项研究中，ClickForensics得出结论：广告供应商网络中28.1%的广告点击都是欺诈，而且16.2%的已付费点击也是欺诈（这就意味着谷歌和类似的网络广告供应商并不是那么地讲信用）。从ClickForensics那里听到这个事情，糟糕之处在于比你从谷歌那里听到的问题要严重得多。谷歌让点击欺诈的问题听起来好像是处于控制之下，但ClickForensics和其他公司让这个问题听起来好像是谷歌对此能力不足。

你可以争辩说谷歌和ClickForensics衡量欺诈的标准不同。ClickForensics只研究了网络流量的样本，但它收集的网络使用范围比谷歌更广，谷歌只针对自己收集到的数据。

真相毫无疑问应该处于两家公司所宣称的数字的中间部分，但根据我所发现的恶意软件实施欺诈点击的经验来看，我相信ClickForensics远比谷歌要准确得多。

谷歌尽量避免过深牵涉进欺诈点击数字的研究之中。在一个案例中，为了阻止一个集团诉讼（class-action lawsuit）的案件提交到法庭——大家普遍相信在这个案件中，原告可能已经掌握了大量的严重欺诈点击的证据——谷歌迅速地达成了庭外和解，支付了9000万美元的和解费用给原告，而不是在法庭上捍卫自己。

不论问题的范围有多大，只要谷歌在每次点击的基础上支付费用，它就是在招引欺诈。

公平地说，处理广告发布还有更糟糕的方法。与按点击付费不同，广告商可以按照"印象"付费，也就是说他们按照广告的每次显示来付钱。很明显，在这种情况下坏蛋甚至都不需要操心点击的事情（除非为了让欺诈不那么明显，他们会在显示页面广告的时候随便点击几下）。

另一方面，有一个处理广告的更加公平的方式。与支付给显示被点击的广告的网站不同，谷歌也许能够付钱给显示带来实际销售的广告的网站。在这个模式中，谷歌和显示广告的网站可以对销售收入提取若干佣金。

这或许将成为一个更为有效的网络广告市场，因为它最终消除了欺诈。此外，因为欺诈可能构成了谷歌的相当部分的收入，特别是如果你考虑一下欺诈点击增加了公司广告支出的负担，这就让按销售支付的广告模式要花费少很多的资金！

但是，如果实行按销售支付的模式，谷歌的管理成本就会升高。这需要建立对广告用户的信任，相信他们会正确地报告销售数字和金额。谷歌可以通过与信用卡发放机构建立伙伴关系来做到这一点，但这需要谷歌放弃一部分收入。或许这就是为什么谷歌建立自己的类似贝宝（PayPal）的交易服务——Google Checkout。尽管这个服务还不太成功，但谷歌或许最终还是能够提供一个按销售收费的广告模式的选项，只要你使用Google Checkout来做生意。

当然，就算是点击欺诈人为地增加了广告成本，但这并没有完全吓跑投放广告的客户，不然的话谷歌就会采取更多措施来对付点击欺诈了。但这种模式的确让谷歌从广告客户那里赚到了最多的金钱。

就某种程度而言，广告客户能在他们的计划中为欺诈做出调整。他们可以规划广告将会带来多少的生意，因为由欺诈引起的变化是恒定的。如果他们无法从广告宣传活动中得到足够好的回报，他们就不会再做广告了。

然而这一切过后，谁会关心广告客户？我难道没有说过整个互联网因为谷歌而变得更糟糕，不仅只是影响了那些在网上卖东西的人？

按点击支付和按印象支付模式的后果就在于，与其他情况相比，为坏蛋们提供了足够多的动机去入侵计算机。坏蛋们闯入别人计算机的理由越少，涉及的金钱就越少，那么坏蛋们为了闯入别人的计算机而愿意花费的资金、精力和时间也就越少。这样一来结果就是最有可能减少计算机病毒或者木马的感染数量。

坏蛋们的确还有其他的原因去入侵计算机，就像我们在前面一章列举过的一样。那些原因绝对仍然会导致计算机的感染，但假如没有点击欺诈的话，计算机犯罪所牵涉的资金总额就会少很多。假设还是实施同样数量的计算机犯罪以试图获取金钱，在没有谷歌这套规则的情况下，没人能够赚那么多钱，所以很多人就会转行去做别的事情。入侵一台计算机的成本至少保持不变，而且因为一门心思想要闯入别人计算机的人可能变少了，所以成本甚至可能还会变高一些。所以，有理由相信计算机感染的数量会减少。

不论这个说法对不对，谷歌肯定不是唯一应受谴责的公司。大多数其他网络广告公司都是一丘之貉，而谷歌无疑是在线广告领域的"大家伙"。

当坏蛋入侵计算机时，你还可以指责其他公司。特别是你可以指责银行，因为很多其他的欺诈围绕着它们展开。

银行没有任何特别的动机来了解欺诈的运作。它们倾向于在欺诈确实发生时承担损失，所以它们对这个问题还是相当地关注。它们愿意投入资金来确保机器不受恶意软件的侵害。

然而，在让个人计算机不受感染方面，它们并没有采取最公正的做法，即将电子商务归为一类并全部禁止（或者至少是要求顾客提供详细个人信息）。个人用户不会支持这种做法的。为了能够方便地在线购物和进行网上银行操作，他们宁愿去冒计算机被病毒感染的风险。

银行仍然在尝试尽一切所能来解决这个问题。它们倾向于积极地鼓励大家使用反恶意软件产品。它们甚至对大厂商的这类软件产品为人们安排不错的折扣。银行试图在这里添加其他的安全守卫，增加更多的防护，比如为登录提供一小件硬件设备、发送唯一的密码，诸如此类。它们在监控上面花了很大的工夫，想把信用卡和银行账户的欺诈使用找出来，并且打算一旦有任何怀疑就冻结这些账户。银行想让安全对于那些关注安全的客户来说变得容易。但与此同时，银行也发现人们为了使用更方便，也可以接受较低的安全度，因此就不采取强制的安全措施要求人人遵守。如果过多地干涉客户，银行知道客户就会把生意转向其他的银行。

这并不是说银行不该谴责。对我来说，银行只是邪恶程度少一些。但无论何时，只要是为了自身更大的利润空间而损害消费者的最佳经济利益（尤其是从安全的角度来看），我个人认为那是有点邪恶的。出于这个原因，这令银行邪恶，它也肯定令谷歌邪恶。

其实，这个两难选择（利润空间与顾客利益）是资本主义的内在矛盾。如果邪恶超过了资本主义的诸多优点，那么此时政府就应该进行干预，并且为了大众的利益进行立法或执法。

现在，或许应该对在线广告业务进行一些规范了。最起码，应该提高透明度，明确规定从事网络广告业务的公司不能有纵容欺诈的行为。虽然像谷歌这样的公司也不可能事事公开（因为这会给坏蛋提供进一步欺诈的路线图），但它们至少应该接受某些政府主导的非常严厉的审计。

我确信，如果点击欺诈已经足够成为一个让广告客户抱怨的问题，那么要么是他们会把投入网络广告的资金大幅减少，要么就是政府最终介入。这是关于经济最了不起的事情：这些事情最终将会得到解决。

所以，即使谷歌是邪恶的，它也会在这方面找到自己财务上的利益。谷歌现在所做的一切，如果我是它我也会这么做，股东们要它做什么，它就做什么。走吧，谷歌！去作你的恶吧！

为什么大多数反病毒软件并不（非常）有效？

在本章，我们将要近距离审视计算机安全产业的基石——反病毒软件（AV）。我会集中讲解为什么它会有效果不大的名声，以及为什么这个名声并不冤枉。在下一章中，我们会来看看反病毒软件为什么运行速度慢。注意，很多公司都已经在尝试修正这些问题，但对于大多数厂商而言，这项努力进展缓慢。在接近本书结尾时我会介绍改进的时间线。

几乎每个人的计算机上都运行着反病毒软件，或者说，至少他们认为自己的计算机正运行着这个软件。在微软Windows操作系统的用户中，超过90%的人都运行反病毒软件，而自认为自己运行着反病毒软件的人就更多了。跟其他的最终用户技术相比，反病毒技术要被更为广泛地应用着，而且在人们的日常生活中也要远比防火墙应用得广泛得多，防火墙是另一项仅有的得到普遍应用的安全技术。

反病毒技术如此地无处不在令很多人惊奇，因为它广受非议。技术人员会经常宣称反病毒软件没什么用处，而且还会导致系统不稳定。同时几乎每个人都会说它让你的计算机运行变慢。

我无法争辩。初次加入迈克菲时（我离开迈克菲一段时间后又重新加入）， 我负责过核心反病毒引擎的开发（不是使用引擎的那些产品）。我继承了原有的代码，学习了它的方方面面，也研究了所有的竞争对手。全世界的各家反病毒软件公司中有非常多的聪明人。然而，我可以相当大胆地说，绝大多数反病毒产品赢得的只是坏名声。

当我最初接手时，迈克菲的反病毒软件也不那么好，尽管时至今日它进步得很快。举例而言，最近一项独立的比较测试表明，迈克菲在恶意软件监测方面排名最高，这一点很具有说服力。

首先，让我们看看反病毒是什么以及这项技术典型的工作原理，然后再看反病毒软件都犯了哪些低级错误以及为什么会有这些错误。第39章再谈谈我认为事情"应该"是怎样做才对。

你可能估计我会先定义"病毒(virus)"一词的含义以作为理解反病毒的关键。但是，反病毒技术早已不再局限于病毒了，也包括检测蠕虫、僵尸网络软件、木马、间谍软件、广告软件和攻击工具——尽管关于最后三项是不是有害软件还存在争议。比如，迈克菲（以及其他厂商）总是把nmap程序检测为有害程序，因为nmap可以用作网络攻击工具，哪怕很多很多的好人都使用这个工具（它可以简单地帮助人们扫描一个网址的哪些服务是可用的——程序名称出自于"network map"）。反病毒软件这样做的逻辑是，从一般反病毒软件用户的角度考虑，这样的程序是不应该在用户计算机上出现的，而反病毒软件的报警并不会阻止行为正当的实践者来使用这个工具。这样一来报与不报都有各自的好处，而在很多情况下当判定并不是黑白那么分明而是落在灰色区域的话，反病毒软件都将之标记为有害。

无论如何，所有这些称谓在此时都无关紧要。可以有把握地讲，有数不清的有害软件是你不想它们出现在你的计算机上的。行业内通常把恶意软件(malicius software)称为"malware"。间谍软件和广告软件有时处于灰色地带，因为它们并没有故意设计为恶意，所以或许不该被称为恶意软件，但你应该明白我的基本意思了。反病毒软件是用来鉴别恶意软件的，并且在第一时间阻止你安装或运行它，或者如果它已经被安装了的话就删除它。

反病毒软件有两种运行方式：访问时扫描（on-access scanning）以及需要时扫描（on-demand scanning）。访问时扫描就是某个程序即将运行，或者某个文件即将被打开使用，反病毒软件就会首先检查这个程序或者文件是否有问题。需要时扫描就是即使文件没被使用，它们也会被检查。需要时扫描通常发生在你做全系统扫描时，很多反病毒产品在系统启动时都会这样做。

通常，当一个文件被扫描后发现有问题时，计算机用户会被通知，然后某些恰当的措施就会被采用，如删除这个文件或者（尤其是在某些企业用户里）把它放在一个隔离区内，在这里文件无法运行但可以让人在稍后查看这个带病毒或者被感染的文件。

运行在桌面上的反病毒产品常常无法本能地从很多细节上辨识哪些是恶意软件以及哪些不是。辨识恶意软件是行业内称之为数据文件（date file, DAT）或者特征文件（signature file）的任务。反病毒产品包含一个引擎（engine），这个引擎知道如何加载一个你想扫描的文件，然后在一个或者多个这些特征文件中查询以识别是否有问题。特征文件也经常对关于必要时如何阻止病毒感染的信息进行编码。

通常，反病毒软件每天去下载、更新一次特征文件（如果你经常上网的话）。某些产品会每天检查两次甚至每个小时都检查（而迈克菲现在是实时更新的）。

反病毒引擎是典型的不可思议的通用猛兽。它们被优化为对任意文件类型做模式匹配。它们需要理解任意有可能出现问题的文件类型。想把这件事情做好是一个巨大的挑战，特别是如果你打算检测任意数据文件，比如图片，如果它被错误的图片查看器打开就可能攻击你的计算机。

作为一个可以说明通用反病毒引擎是怎样工作的例子，迈克菲反病毒引擎基本上是由多种编程语言实现的。特征文件包含很多小的程序，每次反病毒引擎在判定一个文件是否有问题时，就会运行这些程序。迈克菲所使用的一种编程语言被优化用于迅速地识别二进制的模式，另一种被优化用于因为其他语言太简单而无法处理的复杂情况，比如文件修复。提到的第一种语言是经过专门设计的，因此人们用它来写个别的程序不会意外地导致你的计算机死机。另一种语言应该谨慎地使用并且仔细地测试，然后再在用户的机器上部署。

任何反病毒技术的背后通常都有一个全面的运作。厂商需要知道足够多才能说"嘿，这个文件是恶意软件"，所以要么它有些秘密配方让它能够使用一种算法来判定恶意软件，要么它需要查看个别的程序再作出判定。

通常发生的事情是，厂商查看恶意软件并且尝试识别模式，然后写出特征，这些特征足够有通用性以用来识别足够多货真价实的恶意软件，而不是把某些明显的好文件标记成有问题的文件。

反病毒厂商员工使用某些自动化的工具分析文件，但时常也要手工完成。必须有一个工作流程用于跟踪提交过来的文件，并与提交恶意软件的人沟通。一旦厂商分析了文件，如果合适的话它就编写特征文件。一个特征文件可能足够通用以便检测和修复一整类的坏东西，也有可能只是用来检测单一恶意软件，也许不修复实际感染的文件。

一旦写了特征文件，厂商通常需要全面地测试这些文件以确保一旦部署不会造成麻烦。最大的担心来自于特征文件会把某些不是恶意软件的文件误认为是，这种情况下特征文件被称为给出了误报（false positive），或者是已经出错（false）了。

厂商不喜欢错误的肯定，尤其是出于这个原因人们就会停止原先打算运行的软件，甚至会删除软件。在媒体上报道过几个著名的误报（false positive）案例，其中最糟糕的事故应该是发生在2006年3月的那次，当时迈克菲发布了一个特征文件更新，把微软的Excel文件检测为病毒文件并且把它从计算机中删除。每个大厂商都有类似的故事，并且大部分厂商都有最新的故事。在迈克菲的例子中，那次事故的确促使公司加倍努力，从而在技术上大幅提高。

反病毒软件公司花费大量的资源来防止误报出现。它们常常为特征文件做大量的测试，包括把它们放在很多包含已知的正常程序的数据库中运行以确保这些程序中的任何一个都不会被标记成有问题的恶意程序。在大多数公司中，由多人来审核一个特征文件以保证它没有负面的影响。然而误报仍然发生，而且相当频繁（尽管经常是发生在那些不常用的应用程序上）。

经过测试，反病毒公司就能发布特征文件了。发布的流程也许比较复杂，但特征文件常常都是在每天的同一时间发布。桌面的反病毒软件客户端会在差不多到发布的时间去下载这些特征文件，如果发生错误的话就会相当频繁地再次尝试（比如，计算机可能没有联网或者特征文件的发布可能推迟了）。

反病毒行业在过去差不多20年的时间里差不多就是用这种方式运作的。技术并没有真正地提高太多，而且效率没有达到应有的水平。我们来看看问题出在什么地方。

最明显的问题是可扩展性。每天都会出现几千种新的恶意软件。当前，在这些恶意软件自动"变形"成为目的相同但形式稍微不同的软件时，其中的大多数只出现在数量相当少的计算机上（比如，十几台）。反病毒公司一般最多有100人全职来解决这个问题，但这些人中的每一位在一天之中都不太可能处理很多个恶意软件。

找到大量具备相应技能的人来理解和检测恶意软件是极具挑战性的，原因在于这需要大量的专业技术知识以识别出那些聪明的坏蛋都做了什么来阻止安全软件厂商完成任务。

缺乏足够的人手来处理洪水般的恶意软件是反病毒技术检出率如此之低的首要原因（有些人说在实际情况下低至30%）。厂商尝试通过为每一个恶意软件编写特征文件来应付这种情况，然后再试着编写具有足够通用性的特征文件，以便尽可能多地检测出恶意软件。但坏蛋们已经相当成功地把这件事情变得更加困难。

在实践中，更好的检测往往是一波接一波的，反病毒公司中的好人们努力地工作以便在很大数量的恶意软件中分析出趋势，然后再写代码以尽可能多地检测。然而不幸的是，这个过程还不够快，常常把人们暴露在无保护的状态下很长时间。

检测的长时间推迟（一个巨大的易感染窗口）有很多其他原因。一个典型的原因是反病毒厂商还没见识过足够多的坏东西。它们用几种方法来获得自己的恶意软件样本：

- 很多厂商相互之间每天交换恶意软件样本。

- 很多厂商有自己的网络爬虫系统，在互联网的各个黑暗角落转悠寻找恶意软件，同时也会故意放置一些不设防的系统，希望其他人会闯入这些系统并放置恶意软件。

- 对于那些最大的厂商而言，恶意软件样本最大的来源是客户。客户们把产品没能检测出来的恶意软件发给厂商。这些通常都是大型的企业用户，而非个人用户，并且事实上你可以打赌大公司的问题会比小人物们的问题得到更多的关注。

这些也许听起来都很好也很顺利，但这种策略放在十年前也许运作良好（那时一个恶意软件能感染几千名用户），但在今天它就失效了，因为现在有多不胜数的恶意软件，一次也许只能感染几十个用户而已。

存在巨大的易感染窗口的另一个原因是，反病毒厂商都不想因为由自己的技术原因导致的误报把事情搞得一团糟，就像我们之前讲过的那个微软Excel问题一样。

但是，正如我所说，误报是很容易发生的。既然反病毒的特征文件是代码，所以就很容易在代码中产生错误，这就是容易发生误报的原因。为了解决这一问题，反病毒公司不得不花时间来进行测试。再加上每天都要发布反病毒特征文件，有理由相信在一个恶意软件开始传播之后，反病毒产品要滞后24到48个小时才能根据发布的特征文件检测出来。

然而，在现实当中，滞后的平均时间会达到1到3周之久。比如，在2007年，Yankee Group发布了一份报告讨论一个称为Hearse的后门程序（rootkit）。一家叫做Prevx的公司发现了这个后门，并立即或多或少提供了一些保护措施。而迈克菲花了10多天的时间才生成特征文件，赛门铁克则花了13天。

很多人认为反病毒技术的问题就在于，它明明是个简单的模式匹配工具，却把自己打扮得看上去无所不能。在某些情况下，从某种角度看这种看法或许曾经是对的，但时至今日这肯定不对。因为反病毒引擎包含真正的编程语言，它能做任何事情。

特征文件的作者几乎能做任何事情但并不意味着他们会去做。通常，运用反病毒产品中已有的技术并不能够轻易构建出有完全不同效果的全新方法，而且新技术也会容易对最终用户造成冲击，因为新技术中不可避免地存在很多缺陷和性能问题。

所以，结果就是反病毒公司会在它们的特征文件中做4件事情（而且通常这些事情中的某些部分会被推送到"引擎"中去）：

- 对单个应用程序的简单模式匹配。这通常相当于"如果这个文件跟我们以前见过的恶意软件相同，那它就有问题。"这其中有些技术上的技巧，但它只是高效地查看精确匹配，而不必为了每个恶意软件涉及整个文件。

- 对一组相似应用程序的简单模式匹配。这被称为"通用"检测，希望某一模式可以唯一地识别了一种类型的恶意软件，而不会与正常软件混淆。运气好的话，它能帮忙避免让反病毒厂商为了这一类恶意软件中的其他成员编写太多的单个特征文件。某些情况下，这种类型的检测也许只能查到一个文件，但在当前已经很少这么做了，因为只写一个特征文件也能达到同样的效果，并且不会带来错误地把一个好文件标记成有问题的风险。

- 查看外部因素（比如软件运行时可能出现的可疑行为）来猜测这是否是恶意软件。这被称为探索式检测（heuristic detection），亦即代码正在做最好的猜测，尽管反病毒公司可能以前也没有看过这个特定的程序。这个领域是最大的反病毒公司处理得非常小心的地方，因为一旦它们弄错，结果就是误报让用户怒气冲天。

- 尝试修复感染后的系统。

然而，这些特征文件的内容没有一个足够强大到能够解决根本性的恶意软件规模的问题。解决规模问题将会需要一种显著不同的方式。当然，反病毒厂商已经尝试新事物来做得更好，但这是一个缓慢、实验性的过程。

另一个反病毒软件准确性的根本问题是坏蛋也可以运行反病毒产品。我们打个比方，邪恶比尔（Evil Bill）写了一个很坏的软件。反病毒产品可能一开始就能检测到它，但通过运行软件，比尔会马上知道这一点。他可以不断地修改、调整他的恶意软件，直到反病毒软件产品无法发现它并停止报警为止，然后就把该恶意软件发布到全世界，而且可以保证在有人制止它之前它会有一段活跃的时间（如同我们已知的那样，轻松地就有几个星期的时间）。

更糟糕的是，如果邪恶比尔的确把他的恶意软件放到了你的计算机中，就很难恢复机器。比尔的软件肯定会屏蔽你的反病毒软件，把它变成不可操作状态。

这些问题看上去似乎是无法解决的，但某些技术实际上已经很有成功的希望，能够高效低价地解决这些问题中的大多数。问题是，我们为什么不用更好的技术呢？

大部分现有的反病毒技术都有20年左右的历史了。大多数时候这些技术都工作得足够出色，获得并维持了几乎100%的市场渗透率。所以，在某种程度，只要能继续在市场上赚到钱，对于那些为了开发现有技术而投入过大笔资金的大公司而言，在经济上就没有一个巨大的动力促使它们投入更多的资金来重写这个技术。

相反，用于新技术开发的资金会被用于有潜力赚更多钱的新产品线上。对于大公司而言，从经济的角度看这样更为合理，即让其他人（比如，新兴创业公司）去开发更好的技术，然后在需要时对这个公司进行收购就可以了。

从长远来看，有些技术给人很大的期望［比如集体智慧（collective intelligence），我会在第39章讨论］。这些技术能够让反病毒公司的任务变得轻松很多，但需要投入大量的时间和金钱才能实现。我看到整个行业正在开始朝那个方向前进，但在最终到达之前仍然需要时间。

第9章

为什么反病毒软件
经常运行得很慢

好吧，所以反病毒软件通常在发现病毒方面做得并不算好。现在我们稍微了解了其中的一些原因。但就算是糟糕的反病毒技术也会有价值，比如说，在面对所有威胁时提供30%的保护要好过没有任何保护。然而，除了这些不怎么样的保护外，老式的反病毒技术还有一堆让人不喜欢的原因。

普通用户或许不知道反病毒软件是不是真正地在保护她，但她一般都知道这个软件运行起来很慢。这的确是我从普通用户那里听到的最普遍的抱怨。

那么为什么大多数反病毒软件如此之慢？让我们从人们最容易注意这个问题的时刻——他们的计算机启动的时候——来开始探究这个问题。是的，任何主动保护你的软件都需要在计算机启动时加载，而那样可能就会花费一点时间。但反病毒产品似乎觉得需要检查你计算机上的文件以查看是否有问题，而这样做通常需要时间。

启动时扫描你的计算机以检测问题文件背后的想法是你的机器上可能有东西在最近被检测为恶意软件。所以，可能有一个你一周之前下载的屏幕保护程序，但你的反病毒软件的厂商今天才判定它是有问题的。或者，在某些情况下，你的计算机可能在反病毒软件停止运行时感染了有问题的软件。比如，你可能有一台双启动的计算机，也就是说你在同一台机器上有第二个操作系统可以写数据到同一块硬盘上。或许你运行Windows和Linux，并且在运行Linux系统时下载了某个Windows病毒（你不太可能在Linux上运行着反病毒软件）。

反病毒软件所做的典型事情就是查看你的文件系统里的每一个文件，判定它是不是有问题。就绝大多数反病毒软件而言，判断每个文件的过程是愚蠢地低效。

比如，很多厂商严重地依赖于一种称为加密特征匹配（cryptographic signature matching）的技术，但却用一种很不明智的方式来这么做。首先，让我们看看所谓的加密特征匹配是什么东西。反病毒厂商们想做精确匹配，然后说"这个文件是一份跟昨天我们看到的问题文件完全相同的数字拷贝"。然而，厂商们并不愿被迫将每一份见过的恶意软件都放在用户的计算机中——这将占用太多的磁盘空间，甚至也会为那些坏蛋提供更多的弹药。

作为替代，他们使用某些加密算法，这些算法用文件作为输入，然后生成一个固定长度的数字。有趣的事情就在于产生的数字看起来是纯粹随机产生的，但每次输入同样的文件，输出也是一样的。这种算法产生的数字是大数（big number）——数字如此大以至于两个不同的输入绝不会产生重复的数字输出。

这个算法让反病毒厂商可以说："如果一个文件的加密特征是267, 947,292,070,674,700,781,823,225,417,604,638,969，它就有问题。"现在，他们只需要存储这个数字，而不是整个文件。坏蛋也许想试着制造有问题的软件，让它跟流行的好软件产生同样的结果。比如，他可能试图制造一个软件，用这个软件作为输入时产生的加密特征跟某一版本的微软Word文件的相同，希望可以因此让厂商生成特征文件时更加困难，因为一个加密特征会给出大量的误报。但加密让这变成一个不可能的任务。加密算法生成的数字的确就像随机数那样的好用，因此坏蛋最可行的办法似乎就是写许多新的恶意软件直到其中的某一个生成的结果跟某一种合法文件相同。正如你所猜想的，这种方法需要太多的尝试以至于不可行，哪怕是全世界的坏蛋凑到一起来攻克这个问题也得不到同样的结果。

现在我们理解了加密特征，让我们来看看反病毒厂商是怎样运用它来解决问题的。当他们查看一个文件的时候，他们要做的是算出这个文件的加密特征，然后再去一个数据库中查询这个特征数字，以判定它是不是有问题。希望数据库查询的速度能够风驰电掣。事实上，有一些著名的算法能够让这一类的查询变成基本上是瞬间的。查询要比计算加密特征快得多。

让我们暂时假设那就是实际发生的情况（通常不是这样的）。计算一个加密特征数字要花多少时间？哦，主要的开销取决于从你的硬盘读取文件作为输入的时间。其他的一切几乎都可以忽略不计。

如今最快的硬盘每秒可以读取125MB。比如，如果你的反病毒软件要扫描40GB的文件，在完全理想的情况下，你大约至少要花5分钟的时间等待硬盘将所有数据提供给反病毒系统。与此同时，当其他应用程序也要访问硬盘时一切都会被拖慢。在反病毒工作负载下你的其他应用就得暂停以等待。如果你正在做一次全系统扫描以便为每一个文件建立一个加密特征，这样做的结果你可以预料得到：运行将变得非常慢。

但是，对于某些反病毒系统而言，情况还会变得更加糟糕，因为在扫描每一个文件的时候，还有很多额外的事情要做。与简单地问一句"现在我处理的这个文件的加密特征在数据库中吗？"后就立刻得到答案不同，通常发生的情况是这样的：

> 我刚刚处理了一个文件。
>
> 它的特征是
>
> 267，947，292，070，674，700，781，823，225，417，604，638，969。
>
> 让我们将它称为特征S。
>
> S等于221，813，778，319，841，458，802，559，260，686，979，204，948吗？
>
> 如果等于，那么这个文件就是恶意软件。
>
> S等于251，101，867，517，644，804，202，829，601，749，226，265，414吗？
>
> 如果等于，那么这个文件就是恶意软件。
>
> S等于311，677，264，076，308，212，862，459，632，720，079，837，243吗？
>
> 如果等于，那么这个文件就是恶意软件。
>
> ……
>
> S等于11，701，885，383，227，023，807，765，753，397，431，618，256吗？
>
> 如果等于，那么这个文件就是恶意软件。

在某个这样的糟糕系统中，这个问题会对每个有加密特征的恶意软件都问一次。这种方法无法扩展到对付今天的恶意软件问题。让我们看看为什么。

每天都有10 000个左右的新恶意软件诞生（其中的大多数是由其他恶意软件自动生成的，这样做是为了躲避检测）。我们假设一家反病毒公司可以把它们全都抓住。同时还假设这家公司在一年之内一天仅添加10 000份的特征文件，那一年就有3 650 000份特征文件了。如果处理一个特征文件需要百万分之一秒（其实可能要花费几个百万分之一秒），那么处理完全部的特征文件就要花费3.65秒钟。

在现实中，反病毒公司如果不是必须使用加密特征，它们更愿意使用其他的技术。它们喜欢用一个特征文件尽可能多地捕获恶意软件，既然它们一般不会一天看到所有的10 000个新的恶意软件，它们就会把精力集中在"最重要的"恶意软件的特征文件编写上。正如你所预料到的那样，大公司通常就会把从小公司那里捕获的恶意软件编写成特征文件优先发给大集团公司客户，而个人用户则很有可能被忽略了——甚至那些最大的公司在任何特定的时间也只有数十个分析师盯着处理这些问题。

因为有如此之多的恶意软件，密码校验和（cryptographic checksum）是一项真正重要的技术。它很容易生成（后端的自动系统可以轻易地生成特征文件），并且如果那些特征文件有错的话也很容易删除。

当然，如果设计正确[1]，加密特征文件可以提高效率。愚蠢之处在于用一个接一个，再接另一个这种没完没了的特征文件处理方式来处理这些加密特征文件。如果恶意软件的总量只有几万个，这还不失为有效的方法，但数量再也不可能这么少。

反病毒厂商开始转向用更聪明的方法来处理加密特征文件。但即使他们这样做，他们仍然还有全部的非加密特征文件。再说一次，用传统的反病毒引擎，厂商希望他们的常规特征文件能够捕

---

[1]　对于技术人员而言，他们应该很清楚地使用哈希表查找或者其他类似的高效数据结构。但很多反病毒公司仍然使用基于树的算法，甚至线性扫描！

获大多数的恶意软件。所以，由于有更多的坏东西避开了反病毒引擎，厂商们就希望得到能够检测出很多恶意软件的特征文件，甚至希望能够检测还有没有做出来的恶意软件。

只要主要重心还是用传统特征文件来防护，就会有很多的特征文件需要花很多时间来运行，哪怕厂商已经在加密特征文件上做了很好的工作。

随着恶意软件的增长，特征文件数量激增和性能下降的另一个原因是反病毒厂商通常无法轻易地删除老旧的特征文件。随着新特征文件的生成，厂商通常都没有保存足够的数据来判定是否还需要用到旧特征文件。而他们也没有收集足够的信息来了解什么时候一个特征文件可以被删除，因为这个特征文件对应的恶意软件已经不再传播了。这听起来很危险，但有些恶意软件哪怕是放到你的计算机里也无法运行了，只是因为操作系统已经从DOS系统的美好旧时光进化了。

现在我们对于为何反病毒软件就像一只宠物狗已经知道得更多一些了，问题就在于最终用户想要拿它做什么。你可以基于直接的性能数据选择反病毒产品，但性能并不等于一切。而且大多数产品在仅做访问扫描（on-access scan）时性能就已足够好了。

最为引人注意的是按需扫描（on-demand scan），而且我推荐大家把这项功能关掉。通常没有什么充足的理由来对你的整个系统进行扫描，尤其是如果这个扫描将会降低系统的性能。你也许会担心你就根本没有被保护，但反病毒软件最高效的方式是进行访问扫描，意即反病毒引擎会在你正要使用文件之前扫描这些文件。恶意软件不会伤害你的系统——如果你不运行它们的话，所以没必要关心恶意软件是不是正躺在你的磁盘上休眠。

全系统扫描唯一显著的好处是你可以在把某个软件或者文件给别

人之前发现它是不是坏东西。然而，如今几乎已经没有恶意软件是用这种方式来传播了，而且就算它这么做，可以相信接受你的东西的人也运行着某些有效的主机保护软件。总的来说，我认为这种情况不值得让你的系统不必要地慢下来。

另外，注意全系统扫描通常一天至少运行一次——只要反病毒系统下载了最新的特征文件。尽管如此，对于大多数整天开着计算机的人而言，这也许没有影响，因为通常这都安排在午夜时分来做。

无论如何，很多这样的问题是由于大多数反病毒技术并没有考虑扩展性。可扩展的主机安全是一个困难的问题，我们会在第39章讨论。

第10章

感染只需四分钟?

2008年7月，一份报道宣称如果你将一台没有装过软件补丁也没有进行保护的Windows XP计算机连上互联网并且什么也不做，平均四分钟内计算机就会被感染。为防止此类事情发生，通常的建议是在你的网络上运行防火墙，同时尽快安装所有最新的更新。

这个听起来很吓人，但别担心，那份报道完全是垃圾。它就是用来传播恐惧的废物，被产生这些数字的组织用来做市场宣传的工具（在这个案例中，这个组织就是SANS，一家销售安全培训和认证并组织安全会议的公司。这一类的出版物也许是用来提升它自己的知名度，让人们购买它的服务）。

有大量的自动化程序随机地扫描互联网，寻找有缺陷的系统进行感染，这是事实。但说你很可能被感染就不是真的了。

这套无聊说辞不成立的首要原因是Windows XP（自Service Pack 2起）已经有一个防火墙保护着你。如果你的系统比Windows XP SP2

要旧（SP2是在2004年底推出的），那么你可能不得不担心网络上是否有东西保护你。尽管在很多情况下是有所保护的，无论你是否知道它的存在。

你的互联网服务提供商（Internet Service Provider，ISP）^{译注1}可能会屏蔽不需要的网络流量，阻止它到达你的机器。你的无线路由器或者线缆/DSL调制解调器或许默认就有一个防火墙了。而且你的路由器/调制解调器也许默认启用了网络地址转换（Network Address Translation，NAT）。网络地址转换会将你置于互联网服务提供商的内网，进而避免了外部网络的威胁，哪怕你正在运行最老版本的Windows XP，甚至是Windows 95。

这些技术正在保护你，因为它们把外部世界的网络流量与你的计算机上正在运行的软件隔离。软件就是潜在的安全弱点。防火墙工作的方式有点类似于守门人。它有选择地让某些网络流量通过，而阻拦另一些流量。一个位于你的无线路由器或者线缆/DSL调制解调器中的防火墙将很有可能按照下面这样的规则行事：

> 如果一个新的连接请求来自于外部网络，拒绝。如果一个新的连接请求来自于防火墙内部，允许，同时还允许任何内部请求的后续通信流量。

这意味着你可以从你的网络浏览器发起一个连接到网站服务器，但如果你的计算机上正好有一个网站服务器正在运行，那么没人能从外部世界连接到它。

网络地址转换的运作机制与此不同，但基本结果都是一样的。它本身并不是一个网络流量过滤器，而是允许很多计算机共享一个IP地址（这基本就是你的互联网服务商将要为你提供的东西）。那

译注1　在中国这些提供商就是电信、移动、联通、网通、铁通和有线电视公司，它们提供拨号或者宽带（包括无线和有线方式）上网服务。

个唯一的IP地址通常不允许任何带内（inbound）连接。当然，如果你手工进行配置的话，带内连接也是做得到的。然而，网络内的每一个人都被分配到一个地址，但这个地址只是局域网地址，在公共互联网上无效。网络地址转换设备接受带外（outbound）连接请求，让请求看起来像是从你的互联网服务商提供的IP地址发出的，然后拿到返回的数据，再把数据转发到任何发起这个连接的机器上。

如果没有你的错误操作的话，这些技术让网络以外的某个人攻入你的计算机变得极端困难。通常你的计算机被感染都是因为你做了些什么。比如说，可能是你去浏览某个网站，而这个网站利用了你的浏览器中的一个安全漏洞，或者是你被骗去下载某些恶意软件。又比如，也可能是你收到的一封电子邮件利用了你的邮件阅读软件的安全漏洞，或者是你被骗去安装邮件的附件。不管是哪一种方式，你是带外连接的发起者，就得为此负责（即使是你的邮件阅读器，也在以你的名义周期性地发起连接）。

Windows防火墙的角色与网络防火墙类似，只是它安装在你的个人计算机上而不是在线缆调制解调器或者DSL路由器上。Windows防火墙在大型的公司网络中特别有用，在这种网络中，如果某个人的计算机感染了病毒，而被感染的机器或许能够访问你的计算机上运行的易受攻击的软件服务。在局域网中被感染的危险更高，因为人们往往在局域网中比较宽松地给予许可权。自动通信、文件共享、打印机共享都是比较常见的许可服务，而防火墙通常默认不屏蔽这些东西。

所以现在比较清楚了，有很多防护机制在保障你的计算机安全。就算这些防护机制只是在你的计算机上，你可能就处在良好的状态下。那么SANS为什么要宣扬这些不实信息呢？

首先，SANS实际上是在估量某些数值。它公布每日数字（在写作本文之际，数据停在了2008年11月26日），而这个数字是摇摆不定的。比如，在2008年11月26日，SANS宣称一台Windows机器如果没有采取某种网络防护措施的话，只需不到100分钟的时间就会被病毒感染。

SANS并没有公布该数字是如何得出的。我的推测是它们用一台Windows XP计算机，而且还没有安装2004年的升级包第二版（Service Pack 2）。运行这样老旧系统的计算机并暴露在互联网环境下，不惹上麻烦才是一件怪事。

别人也许给你良好的建议（是的，比如安装一个防火墙，还有保持你的软件为最新版本，尤其是像网络浏览器这样的常用软件），但当他们给出一些虚张声势的说法，如果没有确凿的证据，就别相信他们的浮夸之词。

第11章

个人防火墙问题

在前一章中，我说过Windows防火墙能帮助用户安全地远离互联网威胁，尤其是在用户没有做什么危险操作的情况下。在本章中，我要指出防火墙的问题——但不是针对任意一个防火墙。我要说的是个人防火墙，它跟Windows自带的防火墙和网络防火墙有着细微的区别。

什么是个人防火墙？呃，防火墙被认为监控着进出网络的流量（如果防火墙是针对网络的）或者一台计算机（如果它安装在你的计算机上）。它基于策略（policy）允许或者阻止流量。

通常，操作系统都有一个非常有效的内置防火墙。它们会阻止所有进入计算机的网络流量，只放行那些响应用户主动发出请求的网络通信（不过你能允许例外，比如，如果你想在你的计算机上运行自己的网站服务器的话，就要允许接入的网络流量）。

但是如果网络流量是从你的计算机主动发起的话，操作系统防火墙通常会不加约束。

让我们假设你不小心下载了一个网银木马程序，该程序会监控你所有的网银活动然后秘密地把你的银行账户信息发送到外部世界的那些坏蛋手里。因为你被感染了，你的反病毒软件已经失效而没有检测出这个坏软件，它就一路畅通地收集你的个人信息。

但即使你的个人信息已经被收集了，如果你能保证这些信息不被发送到坏蛋手里，情况又会如何呢？很可惜，像Windows防火墙这样的内置防火墙做不到这一点（参见本章最后的"传统防火墙的局限"了解原因）。

如果你想让一个防火墙阻止有害的带外流量，你需要明确地提供信息给防火墙，让它知道哪些应用程序会发起网络连接通信，这就是个人防火墙［有时又称其为应用防火墙（application firewall）］的基本设计思路。

这就让你能够说"只有互联网浏览器能够与80端口通信"或者"让Skype与任何东西自由通信"。

然而，防火墙策略管理却是一个巨大的麻烦。如果你想阻止无耻的木马程序干坏事，就得制定一个策略来阻止一切流量，除非它得到你的特别许可。为你数量繁多的应用程序一条一条地添加这些策略是一项繁重的工作，而且每次你安装一个可能会连接互联网的新软件，都得记得为它配置你的个人防火墙策略，很令人厌烦。

个人防火墙处理这个问题的方法是弹出一些对话框，强迫你制定策略。比如，当你安装Skype的时候，计算机可能会弹出一个对话框问："你想让Skype.exe访问互联网吗？"而你通常会让防火墙"记住你的选择"，这个令人不胜其扰的对话框下次就不会再为Skype.exe弹出来了。

大多数用户都憎恶太多的弹出对话框。而且由于很多应用程序包含多个子程序，每个子程序都得区别对待，这就把情况变得更糟糕。例如，大部分应用程序都有一个主要的可执行程序，当需要检查软件更新时，这个可执行程序就会运行另外一个程序。你必须单独给它访问互联网的权限。

还有一些应用程序安装了很多独立的可执行子程序。举例来说，苹果的iTunes就安装了一打不同的可执行子程序，它们完成不同的功能。如果你的确用到了这些打包在一起的所有功能，那大概得处理数不清的弹出对话框了。

这些弹出对话框是让个人防火墙合理运行的唯一途径，但我想说它们还不够合理。不仅仅是因为那些对话框令人生厌，而是它们试图让用户去作出一些决定，但用户对此并无足够的了解或者能力。

通常的情况是人们最终会看到他们不认识的程序。比如，你可能会看到一个弹出对话框说："*GCONSYNC.EXE*将要访问互联网。你愿意允许访问吗？"你或许就会自问："这个*GCONSYNC.EXE*到底是什么东西？！？"然后可能就拒绝了访问请求，以防它干坏事。哦，如果你那样做的话，就将屏蔽众多iTunes组件中的一个。

一旦你屏蔽了某个认识的应用软件的网络访问请求而导致程序出错，如果你像大多数人一样，你会假定每个你不熟悉的程序都出于正当的目的访问互联网，然后就开始允许所有网络连接。

当然，有些人会去详细了解每个他们允许的可执行程序，但对于普通用户而言，这要花费大量的时间。

我直接关掉了我的个人防火墙。如果对于每个弹出对话框我都要点击"允许"以放行，那我为什么要被这些恼人的弹出对话框所打扰呢？如果我的确对所有应用程序都允许的话，那我可能就产生了与真实不符的虚幻的安全感。

我倒认为或许可以有这样一个个人防火墙：除非发生特别罕见的情况，否则它不会打扰用户。还是以*GCONSYNC.EXE*为例。这个程序是由苹果数字签名认证的，这意味着我们可以相信它的合法性。苹果是一个名声良好的厂商，所以为什么还要多此一举的弹出对话框呢？直接让它的网络连接通过就好了。

当然，不是每个程序都有数字签名认证——很多根本就没有。我们不必担心这其中的技术细节，但应该期待安全厂商能够用各种技术来构建一个好软件的长名单。然后仅针对那些可能有害的软件发出告警，而坏软件的名单应该非常短，因此防火墙也不会频繁地弹出对话框让用户厌烦了。

听起来这可能是个令人绝望的任务——将世界上的所有软件进行归类，但厂商们已经非常成功地开始做这件事了。现在可能会有不那么傻的个人防火墙了，因为你几乎根本不必见到这个防火墙。

如果该防火墙被正确开发出来的话，你将只会看到一个通知说某个程序被阻止了，因为它可能有害。你什么也不必做，除非系统出错并需要你的人工干预来排除错误。

如果这一天到来的话，这项技术会如此低调以至于变成你的反病毒软件的一个部分。没有必要再把它看做个人防火墙。这很棒，因为大多数用户也不知道或者不关心防火墙是什么。

但即使这一天到来，也别指望个人防火墙会消失。反病毒厂商将会继续提供个人防火墙，因为很多他们的客户还等着要这个工具呢。

传统防火墙的局限

当数据通过互联网在两台计算机之间传递时，底层的网络基础架构需要知道怎样让数据来回发送。从最简单的角度讲，这跟邮局递送普通信件是同样的问题。邮局通过给你一个地址来解决问题。在网络环境中，机器也有地址。但跟邮寄地址不同的是，网络地址只对机器有意义（它们是一串数字，比如157.166.224.25，这就是把你连接到cnn.com的地址）。

比如说你想在自己的计算机上运行电子邮件服务器和网络服务器。当有人要连接这些服务器时，你就需要一个方法来区别这个用户到底要连接哪一个服务。你可以通过添加端口号（port number），它有点像邮局的信箱（同一个地址可以有很多信箱），来做到这点。通常，应用程序会使用"标准"的端口。比如，网络服务器经常使用80端口（如果是加密连接的话使用443端口）。但那只是习惯用法——你可以让你的网络服务器使用任何端口，而且人们仍然能够找到这个端口。

传统的防火墙让你基于网络信息设置策略，最基本的信息就是网址（当然还可以通过其他底层的信息来过滤网络流量）。

一个防火墙可以轻易地做到"不让任何新的连接请求接入到这台机器的任何端口"。那是一条简单而且高效的策略，当然这样一来你的服务器只能给你自己使用了。如果你要运行一个可以通过互联网访问的网络服务器，可以为此添加一个例外。你也可以配置防火墙来允许访问该机器上的网络服务器，但前提是访问的机器都必须是局域网内的。

防火墙除了可以轻易地保护你自己免受外部世界的侵害外，

还可以用来阻止你自己的机器发起的访问外部网络的流量，尤其是当这些连接请求有可能是由恶意软件发起的时候。

比如，如果你知道坏蛋们把他们的数据存放在某台特定的计算机上（而且你知道它的网址），你就可以为防火墙制定规则，让它阻止任何数据被送到那个地址。或者如果你知道一种类型的恶意软件会把数据发送到多台不同的计算机，但它总是使用31337端口，你就可以阻止任何从31337端口发出的网络流量，而不管这些流量的目的地是何处。

或者，更贴近实际的例子是，你可能决定只使用Web和电子邮件，而任何其他可能用到的服务程序都应该被禁止。如果是这样，你就可以让你的防火墙阻止任何邮件或者Web通常不会用到的网络连接。

很多商业机构都这样配置它们的防火墙，但结果却不尽如人意，运行效果并不好。

问题就在于坏蛋们并不想他们的东西被阻止。他们要做的就是让网络连接使用80端口，这样就避免了被防火墙阻止，他们的网络流量看起来就像在访问网站服务器一样。

这是一个很有用的策略，它让坏蛋们的工作轻松好多。通常，网络用户无法改变他们的防火墙策略（尤其是在工作场合），然后用户就会怪罪防火墙软件的厂商，而不是他们公司的老板。

因为坏蛋们可以轻易地让带外流量通过网站服务器端口送出，让它看起来像一个合法的网站流量一样，而传统防火墙并不擅长隔断带外流量——它们只擅长于阻止接入。

第12章

把它叫做"反病毒软件"

当普通用户需要为她的计算机安装一个新的安全软件时，她不会要求一个"互联网安全套装"，而是要求一个"反病毒产品"。

这令安全行业的人们如此反胃，以至于世上都没有足够的Tums（一种胃药）来消除这所有的痛苦。

但这种情况绝不会改变。

当典型消费者考虑为他们的计算机进行安全防护时，他们或许会想到很多不一样的事情，这取决于他们对技术的了解程度。比如：

- 防止恶意软件（包括间谍软件和广告软件），无论是他们自己下载的还是软件主动攻击他们的。

- 过滤垃圾邮件（虽然他们也希望所使用的电子邮件客户端能够做到这一点）。

- 防止网络钓鱼（他们也可能希望网络浏览器具备这个功能）。

- 身份信息保护——他们不知道任何特定的技术可以做到这一点，只是认为他们的安全软件产品应该解决这个问题。

- 父母控制，用于帮助孩子们远离含有不适宜内容的网站。

- 网站评级，在他们浏览网页时标识哪一个网站可能伤害他们的计算机。

- 个人防火墙，通过阻止带外流量来防止糟糕的事情发生。

- 主机入侵防御，用于监视程序运行时的行为，希望在反病毒失败的关键时刻能阻断恶意的网络流量。

这种技术驱动的方式是看待事物的一种角度，但普通消费者毫不关心技术。事实上，大多数这些技术对于普通人而言就是一句粗口（是出于好意的口头禅）。

不，消费者关心自己的问题，而不是什么新潮的科技玩具（对我们这个行业的人们说声抱歉，大家可能还正在为自己很酷的技术而骄傲呢）。

消费者看到了什么问题？

1. 别人在盗窃他们的个人信息。人们肯定关心自己的财务、身份以及诸如此类的信息。

2. 坏人毁掉了他们的东西。或许他们害怕丢失个人文件，或者他们也许担心坏软件让他们的计算机无法使用（这在过去是个大问题，现在已经没那么严重了，因为坏软件费尽心思不要被用户注意）。人们通常认为备份可以解决这个问题（当然他们希望反病毒软件能够保护计算机不至于要用到备份文件）。这很合理，尤其是备份还能解决比如硬盘损坏之类不同（本身损毁，而不是由恶意软件所致）的问题。

3. 垃圾邮件，垃圾邮件，垃圾邮件。我觉得大多数消费者会竭尽全力防止垃圾邮件，而且可能愿意接受任何邮件过滤器中的反垃圾邮件工具。

人们更喜欢买的东西越少越好。理想状况下，他们应该什么也不用买，而有些人的确是这样做的（比如，苹果就对用户说他们不必买这些软件）。

从专注于问题的角度来看，人们愿意使用问题解决方案（solutions to problems）的标签，这就是为什么市场宣传要把产品称为解决方案（solution）而不是技术（technology）。

所以对于问题1（以及问题2的某些部分），人们认为反病毒软件可以解决。这是因为大众已经在10年前就了解联网的危险，那时危险被称为病毒。现在我们有十几个令人困惑的词汇来称呼网络中的危险，包括：

- 病毒（viruse）

- 蠕虫（worm）

- 木马（trojan）

- 间谍软件（spyware）

- 广告软件（adware）

- 后门程序（rootkit）

- 漏洞（exploit）

- 薄弱环节（vulnerability）

- 恶意软件（malware）

- 僵尸（bot）/僵尸网络（botnet）

曾经在一段短暂的时间内，安全行业认为反间谍软件会成为一个大机会，主要是因为行业看到了新出现的坏东西在某些技术上的特别之处，然后单独发布了专门针对它的产品并且热销了那么一阵。

企业界的某些人了解技术区别而且想要受到保护。一些消费者认为"更好的安全比后悔要强"，但大多数的人只想要解决问题，受到保护但不愿关心任何技术问题。如果他们的安全软件厂商应该阻止某些威胁却失败了，这些消费者就会暴跳如雷。而哪一个消费者又会购买以下所有的软件：反病毒、反间谍软件、反木马、反广告软件、反后门程序攻击、反漏洞以及反僵尸？就算是所有这些软件放在一起变成大合集用优惠价格出售，也没人愿意使用这么复杂的东西。

人们想要的是寄希望于一个厂商来保护他们，然后最多购买一个产品来解决所有他们看到的问题。至于那些坏东西的技术分类——谁关心啊？真正的问题只有一个，让一个产品来解决它。

任何情况下，如果有公司尝试在市场上推广多个产品，而其他口碑相当的公司在尝试销售一个产品来完成相同的功能时，消费者们心里会怎么想呢？如果是我，我可能会这样想：

> 很明显，我信任的这两家公司事情可能都做得旗鼓相当。如果一家要卖给我很多产品，它可能就是为了多赚钱，所以我或许会选择只卖一个产品的。

其结果就是消费者都期望在他们购买"反病毒软件"保护时，对付坏东西的所有保护都包含在内了。"反病毒软件"这个词让行业里的人们受不了，特别是那些极客们，因为产品中除了"反病毒软件"还包含很多其他的保护，哪怕是挂着反病毒软件的名字。但每一个消费者都习惯了这样的概念，即"反病毒软件"就是保护他们的东西，而不关心"什么是病毒"这个问题的技术答案。并且，你知道的，消费者永远是对的。所以，对我而言，"什么是病毒"的最恰当答案是"任何在你的计算机上运行的恶意的东西"，因为那已经描述了他们头脑里想到的99%的事物。

市场部的人也不喜欢这个事实。他们总是试图把保护套件打造成"互联网安全套件"这样的品牌。如果你深入了解，一个互联网安全套件的核心思想应该是"这个产品比单纯的反病毒软件能够更好地保护你"。通常，那是因为厂商把一切功能都绑定在一个产品中，而用户可能不需要或者不想要这些功能，比如反垃圾邮件、儿童保护控制等等。保护的程度应该都差不多。

但不是所有消费者都认为它是一样的。消费者倾向于分成两个阵营：

• 认为只有最贵的版本才提供"足够好"的保护。

• 认为基本版就"足够好"了，否则它就不算是一个产品，其他附加的任何东西都是花哨的无用功能。

很少有人真正深入细节去看看他们买的产品是什么。对于他们而言所有的统统都是"反病毒"，不是互联网安全。结果，即使厂商提供4种不同的软件套件，用4种不同的价格销售，可是几乎每个顾客要么选最便宜的，要么选最贵的。

如果你说"互联网安全"，人们的确知道你的意思，但他们把它看成一个更加宽泛的词汇，能够指代整个计算机安全行业以及生产的任何东西。他们的确认识到可能有更多的产品，他们可能听说过防火墙，他们知道反垃圾邮件，诸如此类。但是当选择软件来保护他们的计算机免于被坏软件侵害时，他们就会想"我应该买哪种反病毒软件？"

这就是归类，不管名称之下实质的技术是什么。每过几年就有人出来宣称"反病毒已死"，而他们自己的技术才是未来的方向。错。

应该从产品的角度考虑，而不是从技术的角度。安全行业资历不深的人会想："那个过时技术真差劲"，而且在他们眼里"反病毒"就是过时技术。然而，这并不是消费者思考的方式。消费者们不了解技术，所以一切都必须是反病毒的。就是这样——正如其他很多很多领域一样——技术正随着时间的推移而不断改进。

如果你尝试把电动汽车重新命名成某个全新的名字，人们还是只会耸耸肩把它叫做汽车，或者他们会拒绝接受这样东西，因为他们已经有汽车了，不想也不需要这个新玩意。

听着，你们这些市场人员（以及风险投资人），你们认为自己的安全技术如此了不起：为了改名字，你们不得不争辩为什么这项技术解决了反病毒软件解决不了的问题。如果它只是用更好的方式解决了同样的问题，你们将永远不能让人们了解为什么要搞个新名字出来，所以这项技术就会搞砸了。把自己定位成"更好的反病毒软件"要远好得多，然后再清晰地说明为什么你们的技术更好。

比如，当我的前一个创业公司被迈克菲收购时，我们正准备在市场上发布一款消费者安全产品。我们就把它称为反病毒软件，而且它做得更好，因为：

- 我们的付费反病毒产品承诺用户绝不会受到感染——如果你最终还是被感染了我们会免费为你清理计算机。

- 我们的反病毒产品预防新的病毒——平均比其他产品要提早30天。

- 我们的反病毒产品运行快速而且不会拖慢你的计算机，其他大多数产品在这方面可以说是臭名昭著。

- 我们的反病毒产品要比其他主要厂商的都便宜。

这些都很不错。如果你想一想，你可能会认为我们的技术肯定要比"传统的"反病毒软件的好很多。但假如我们决定为这个技术发明一个新词汇，就像"社区入侵防止系统（Community Intrusion Prevention System）"（一个其他小厂商使用的名称），会怎样？消费者在看到这个产品名称时心里会想到什么？

首先，他们会说："这到底是什么？我到底为什么需要这个玩意？"厂商回答："这个产品就跟反病毒软件一样，只是做得更好。"至此，处于这种情况的公司就将不得不花很多时间来让大家明白为什么这个产品不是反病毒软件，以及它是否会取代反病毒软件（或者他们是否两者都应该有）。这就会造成混淆，如果用的人不多的话，人们不费点力气就没办法弄清这个问题。他们觉得如果要买你的产品，而他们又弄不明白的话，就会等到产品获得大众认可再购买。

"等等"，市场人员也许会说，"我们的解决方案更好！"如果你把一家公司定位于取代反病毒软件却不宣称自己解决任何新问题（仅仅是宣称更好地解决了老问题），还能不让消费者感到困惑的话，那么他们可能还是会有大量的疑虑："它真的能够取代反病毒软件？我打赌它做不到。要么是太新而工作得不好，要么就是做不到反病毒的效果；否则，为什么没有其他人用这个产品呢？"

即使你宣称有"下一代的反病毒软件"，你仍然不得不使人们相信你的产品的优点。但至少你开始没有让消费者感到困惑。

简而言之，安全行业应该帮自己一个忙，停止玩弄时髦词汇。拥抱"反病毒软件"这个词。谁会关心从技术角度讲这样说是不是准确？顾客永远是对的。

第13章

为什么大众不应该运行入侵防御系统

信息安全行业有很多行之有效的技术，但做得还不够——能赚钱的技术仍然不多，即使它们的性价比不是特别高。一项典型的性价比不高而又被广泛应用的安全技术，就是入侵检测/防御系统。有些厂商让你相信每个公司都需要这样一种技术，但我不那么确定。尤其是，我认为小公司应该慎重地考虑这个解决方案是否真的值得投入。

基于网络的入侵检测系统（NIDS）和入侵防御系统（NIPS）的基本概念听起来非常让人心动。在你的网络中加个保险箱就会监管所有的流量。这个保险箱会做一些分析，在被网络攻击的时候告诉你(在NIDS的情况下)或者自动断开攻击者的通信（在NIPS的情况下）。

听起来这个好东西深入了解你的网络中正在发生的事情，因为之前你自己根本不了解这些东西。但对于一个典型的入侵检测系统，如果第一次打开使用的话，你就会收到无数的垃圾邮件报警。通常一个入侵检测系统一天之内要发一万条报警信息。

显然，不是所有这些报警都是货真价实的网络入侵，但它已经明白地展示了如果想让一个入侵检测系统发挥作用，你必须要能够在众多无关紧要的报警中分离出真正有用的警报。

为什么入侵检测系统要发送这么多无用信息？大家热衷于谈论误报，当然的确有很多误报，然而并不是整个问题都是由于这个人们所想象的原因造成的。

可能发生的情况是，坏蛋们持续不断地在互联网上活动，试图找到他们可以利用的东西。没错，整个互联网就处于不间断的攻击之下。比如，任何人只要运行一个启用密码认证功能的服务器就会看到海量的登录尝试记录。[1]

坏蛋们的确是通过猜测密码来闯入机器的，所以入侵检测设备报告这种活动通常不是误报，只是大多数的攻击尝试都会失败。如果有人设置的密码强度不够(或者没设密码)，坏人就能轻易得手。所以忽略所有报告也是不对的。

正是因为入侵检测系统和入侵防御系统除了误报之外还有很多的噪声，这不是说误报就不是问题。它们确实是问题——普遍的情况是很多设备在一天之内可以产生数千条误报。而核心的问题是，就算你能消除所有的误报，你也没办法消除高昂的管理成

---

1   我的个人SSH服务器根本就不允许密码认证——这已经让大部分登录尝试走开了，然而，就在昨天一天之内我仍然看到了600次的登录尝试记录。

本。降低报警数量需要很大的工作量，因为想做到这一点你就必须理解每一类的问题，而这需要花时间。

这整个"调优"过程是一笔非常昂贵的前期开支。而且，即使经过调优，还有一笔很大的后续支出用于审阅你想看的报警数据。比如，有些人可能会想要把失败的SSH登录和其他网络流量关联起来，因为这可能表明一次成功的入侵（不管是通过手工方式，还是通过安全事件管理产品）。光是前期投入，已经大到让多数中小企业无法承受的地步。

比方说你正管理着一个公司DSL专线上有40个用户的网络。然后你安装了入侵检测/防御系统，通过恰当的措施也承受了前期投入，接下来你优化了系统，使得一天之内只会收到30条需要查看和处理的消息。假设每条消息你只需要花5分钟来查看。如果你的团队每天花两个半小时在这个问题上，那么一年下来潜在的机会成本就将达到3万美元（IT人员可以将这些时间用在其他更有成果的地方）。你的团队是否一周平均花两个半小时来清理病毒感染？如果的确要这些时间，那么入侵检测/防御系统是否帮你节省了这些支出呢？还是只是更快地把这些支出用完？

简而言之，经济形势对小型甚至中型企业而言并不乐观。但对于大企业而言这样做还是很有必要的。大企业对于前期投入的承受能力比较强，甚至后续支出也可以承受，因为对于有4万用户的网络而言，用6个专职人员分析入侵防御数据要比为40个用户派一个专人做同样的事情更为合理。

对于小企业而言，想让入侵检测系统和入侵防御系统变得性价比高的唯一方法就是要借助规模效益。这就是安全服务托管(Managed Security Service, MSS)的全部内容，这项服务由诸如赛门铁克(通过收购Riptech)、BT Counterpane和VeriSign(通过收购Guardant)这样的公司提供。如果这些公司为超过4万名的用户监

控和分析数据，就像这些人是一家大公司，它们可以相当便宜地
完成这项工作。相反，如果是有400家公司，每家公司有100个员
工，为每一家都单独做数据分析的话，支出总和会高出很多，因
为没有经济规模效益。所以，一家大公司可以为这些100个员工的
公司提供这项服务的话，成本要比它们自己做低得多。这样那些
百人的小公司就不必经历培训人员的麻烦，也不必支付设备的费
用，或者是处理机器故障。

然而，服务托管的费用也是一笔相当可观的支出，可能并不适用
于所有公司。如果你有自己的独立网络服务器接入互联网，或许
值得花这笔钱。但如果你把自己的网站托管在主机托管商那里，
需要维护的设备就仅仅是员工的桌面计算机，那或许根本不值得
将你的入侵检测外包给服务托管提供商。

相反，你可以让你的用户都待在一个具有网络地址转换(NAT)功能
的路由器后面，然后外部的人就无法连接到你的计算机，除非内
部网络中的某人做了什么感染了你的网络。外网没人可以接入网
络，除非他们是被邀请的。而传统的反病毒软件作为一个入侵检
测设备应该至少能够捕获早期的威胁。当然，你还是能够实施入
侵监控，但既然坏蛋什么也看不见，被隔离在外网（除非你的用
户连接到这些坏蛋或者打开了他们发送过来的附件），所以一般
而言把你的安全预算花在别的事情上面性价比会更高。

由于曾经自己经营过小企业，对于任何在入侵监控产品或者服务
上的花费，在看到真正性价比之前，我都会非常谨慎——我愿意
在那些可预防的入侵上面花足够多的钱，让支出物有所值。

如果你的服务需求通常通过专有的服务器来完成（比如邮件服务
器和网站服务器），你可以通过将它们外包给其他人来管理以控
制成本。为什么要付钱去运行和管理你自己的网站服务器呢（顺
便说一句，保护专门提供单一服务的机器集群很便宜）？你可以

将内容放到托管的主机上，让其他人来负责安全问题。

如果答案是你有很多后台的应用，而不仅仅是在"云（cloud）"中托管网站内容，那为什么不在"云"中托管你的应用呢？让亚马逊和谷歌处理安全问题。当然，你得相信它们在这方面做得不错，在保护它们所管理的基础设施方面，通常这些大公司们会展示它们的方法和成功记录的。

对于中小企业，这是一个完美的解决方案，因为云计算有全部的规模优势，让它对于小企业而言变得便宜。这的确说明当你有足够的规模时，自己做就比较合算，但没有多少人有这样的规模。

总的来说，入侵检测系统和入侵防御系统对于大公司而言非常合适，但往往因为有太多的无用信息而变得对其他人而言不具备性价比的优势。托管服务对于中型企业比较合算，但有效的网络入侵防御系统，即使是托管的，不仅需要基础设施，而且需要持续投入资金和时间——这两者通常是小企业缺乏的东西。

对于它们而言有更好的替代方案，比如"云"，或者在开始先不用，等到需要时再用以降低成本。

第14章

主机入侵防御的问题

主机入侵防御系统(Host Intrusion Prevention System，HIPS)的基本思路是它会在传统的基于特征文件的反病毒软件失败后保护你，主要是通过观察反病毒软件允许运行的程序的行为来实现。如果看到某个程序的行为糟糕，主机入侵防御系统就会停止这个程序（希望是在它干任何太坏的事情之前）。

之前我说过，在消费者的心目中一切都统称为反病毒软件，而这不过是其他用来挡住坏东西神秘事物。谁关心它做什么呢？

如果你关心的话，主机入侵防御系统厂商通常这样来介绍区别：反病毒软件是完全基于特征匹配的——人们写下特征文件，然后再发送给最终用户。对于主机入侵防御系统，厂商会说它是主动式的防御，而不是被动式的。它基于坏行为来检测并且希望在反病毒产品没有特征文件的情况下检测到新的威胁。

啊，瞎说！

反病毒产品差不多无一例外地都包含主机入侵防御系统的技术。它或许可以被称为"启发式检测"或者某种类似的无伤大雅的名称，但的确有这样的技术在其中！

现在，独立的主机入侵防御系统产品通常比传统反病毒产品有更多的主动检测，但这是因为典型的主机入侵防御系统产品会产生太多的误报。人们不喜欢被弹出窗口骚扰，尤其是这些弹出窗口不应该来自于人们买来为了让自己生活得更好的软件。

那些不太产生误报的主机入侵防御系统技术被整合进了反病毒产品。如果人们在计算机中安装了很多不同种类的软件，这种环境下就不应该再运行其他的主机入侵防御系统。

此外，主机入侵防御系统根本不是非常主动的防御。观察应用程序的行为没有解决任何反病毒软件的头号问题。特别是，主机入侵防御系统可能会暗示它们解决了我所说的"测试问题"，但它们绝对没有。

什么是测试问题？如果一个坏蛋想要用恶意软件感染人们的机器而又不被主要的计算机安全厂商发现，他就会购买这些厂商的全部产品，然后不断测试并优化他的恶意软件直到没人能够检测到它。如果一个坏蛋能够这么做的话，那他至少已经在所有主要反病毒厂商检测到他之前为自己赢得了一个月的时间，而且可能还要更久。

同样的测试对行为阻止技术也是奏效的。

你或许会这么想："难道主机入侵防御系统技术不能够穷举所有可能的坏行为吗？"

很不幸，（事实上）答案是"不行，无法排除误报的情况"（阻止人们想要合法地运行的程序）。举个例子，你可能有一个行为规则这样说："如果一个程序刻意为某个其他程序捕获击键行为，阻止它。"这条规则将阻止试图攫取你的信用卡数据的键盘记录器（用来读取并记录键盘敲击的程序）。但这条规则也将阻止想给予高级用户在不打开窗口的情况下在他们的应用程序中做事情的能力的合法程序。

什么程序会想要做那样的事情？！Skype就是一例。当我知道这一点时很惊讶，但Skype似乎有某些很值得的理由要这样做，而且它并不是唯一做这种事情的合法厂商。

这里有一个稍微复杂一点的例子。比方说我们有一个程序（*IsItBad.exe*）具有如下行为：

1. 它在硬盘上写很多乱七八糟的东西，包括图像、数据文件还有一个或者多个可执行程序。

2. 那些可执行程序在运行的时候开始解密它自己。

某个安全行业的人或许会认为："那可能是'释放器（dropper）'在安装恶意软件。"而且，从统计的角度看，这种看法有很大的可能性是对的，你可以制定一条基于这种行为的主机入侵防御系统规则来屏蔽这个程序。

然而，*IsItBad.exe* 也可能是一个安装一大堆东西的游戏程序，而且这些东西是加密的，因为游戏设计人员不想让其他人轻易地就窃取了他们的知识产权。

当然，我们应该能够确定那些合法软件绝对不会用的行为。然而，我们必须谨慎，因为合法软件能做的事情其实轻易就出乎我们的意料（再想想Skype的例子）。

问题是我们构建更多的基于行为的规则的同时，恶意软件就会试着尽最大努力让自己看起来像合法软件。而且总是会有行为的灰色地带，让单一机器上运行的软件安全技术无法清楚地分辨哪些是合法软件的所作所为，哪些是恶意软件的勾当。这时将需要人的介入来深入了解，进行辨别。

事实上，安全研究者们可能归入间谍软件一类的某些东西会很容易落入灰色地带，理性的人们可能对这些是不是有害有不同的看法。

举例来说，如果你没有从头到尾仔细读过某些你正在安装的软件的最终用户许可协议（End User License Agreement, EULA），然后这个软件出乎意料地显示广告内容（尽管在最终用户许可协议中已经特别说明了），这算是恶意行为吗？有些人可能会说这就是广告软件。如果这个软件向你发送几百个垃圾广告，每个人都会说它是恶意软件。但这些令人厌恶的广告发送得越少，它是不是真的恶意软件就越说不清楚。

有些时候没有正确答案，我们无法指望一款安全软件总是能得出"正确的"答案。

另一项主机入侵防御系统应该做到而传统反病毒软件做不到的事情，是当合法应用程序存在坏蛋可能会利用来发起攻击的安全漏洞时，主机入侵防御系统可以提供保护。某些包含足够的主机入侵防御系统特性的反病毒产品也能做到这一点。（此外还有误报的风险，这比试图把好软件与恶意软件区别开的风险要大得多，这一类的技术通常对机器性能都有相当大的影响。）

所以正如我说过的那样，没有误报问题的主机入侵防御系统技术已经被整合到了反病毒产品中，因为它跟"传统"的反病毒软件其实是在解决相同的问题，从根本上有重复的地方。这两项技术（主机入侵防御和反病毒）的确在防护很多相同的东西，但它们又都有对方不具备的优势（其实这些优势完全是从技术的角度出发的，在实际应用中没人需要关注这些细节）。

但也有一些场合人们或许不是很介意误报。比如大公司可能会考虑在它们的服务器上运行主机入侵防御系统，如果这些服务器上的软件不是经常变化的话。

从理论上来说，你可以在生产服务器上用监视模式（monitoring mode）来运行主机入侵防御系统几个月，看看都有什么样的误报会出现。然后就可以设置你的主机入侵防御系统，让它屏蔽这些误报，将来如果同样的误报再次出现的话会被直接屏蔽掉。

这个方法可能有效，但公司应当准备好面对很多挑战。其中之一是这个"训练"阶段的代价可能会非常昂贵，而且每次只要你安装软件的一个新版本（例如，升级到更安全或者功能更多的版本），就需要做这样的训练。而且，即使在几个月的运行之后，某些技术方案可能还是有很高的误报风险。

第15章

海里有大量的"鱼" ^{译注1}

网络钓鱼(试图用伪装成可信任的网站来盗取密码或者其他敏感信息)是今天计算机安全行业最大的顾虑之一。它也是很多安全技术想要解决的问题,而且银行对此问题施加了不小的压力,尤其是那些经常沦为攻击目标的银行。坦率地讲,那包括了如今的大部分银行。

当然,我们可能有这样的印象,即网络钓鱼很容易赚到钱而且攻击者很快就成为暴发户。但最近出炉的一份有趣的报告[1]提出了异议,说明了为什么不是这么回事。

这份报告的作者聪明地比较了网络钓鱼和真正去水边的钓鱼活动(是"fishing",不再是"phishing")。如果捕鱼的人多了,那

译注1　这里作者用的词是"Phish",指网络钓鱼。

1　*http://research.microsoft.com/en-us/um/people/cormac/papers/phishingastragedy.pdf*。

可捕的鱼就少了，然后捕鱼人必须工作得更加努力才能捕到跟原先一样多的鱼（通常他们出海更远或者工作更长的时间）。

在网络钓鱼的世界里的道理是一样的，除了网络钓鱼时只有一种"鱼"可捕（让我们把这一类称为"傻鱼"）。潜在的网络钓鱼受害者数量并没有迅速增长。而且，一旦人们被网络钓鱼攻击过之后，很少有人会再回到到同样的地方再次受害（也就意味着网络钓鱼的受害者通常会更加警觉，被再次钓鱼的可能性更小）。

如果有很多坏蛋在进行网络钓鱼攻击，这就给所有的坏蛋制造了难题。他们必须更加努力地寻获受害者，也就是要进行更多的攻击尝试，并且（平均）每个坏蛋赚到的钱就更少了。

坏蛋们身处这样的境地一点也不让人惊讶，因为网络钓鱼简单得有点过分。做一封看起来合法的邮件或一个网站不需要多少技术能力。

与此同时，好人们又特别担心这个问题，因为网络钓鱼的数量如此之多。好人们相信那是个大问题而且可能受害者数量巨大。因此，他们就希望采取一切手段来让你能够分辨你什么时候被网络钓鱼攻击了以及什么时候没有。

比如：

- 从合法持有你的财务信息的人们那里（银行、贝宝等等）发出的大多数邮件会包含一些坏蛋不太可能知道的东西，就像你账号的后4位数字。

- 当你访问某些合法网站的时候，它们中的大部分都有某种浏览器内嵌的机制来帮助你树立对网站的信心。比如，美国银行（Bank of America）就以它的SiteKey技术而闻名，它要求在你登录网站的时候辨认一幅图片。然而，这并不是万无一失的方法。

- 有些财务网站有可选的物理认证机制，通常是为他们最偏执的客户提供的。比如，E*Trader的用户（以及其他网站的用户）可以获得一个物理设备来生成一次性数字。用户必须在登录时输入那一刻设备上显示的数字。将这个方案稍微变化一下，美国银行（以及其他银行）会让你在每次登录系统时输入一次性密码，而该密码是通过手机短信发送给用户的。

这些技术都不完美，通常是因为它们都依赖于最终用户的常识。然而，这些方法的确提高了防范水准，让网络钓鱼变得更困难。

从经济学的角度来得出结论，每个网络钓鱼攻击者的所得恐怕会很少。开头提到的那篇研究提出，就平均水平而言，网络钓鱼攻击者假如有从事其他可选的职业机会的话，会比从事网络钓鱼攻击要赚得更多。然而，我不确定这是不是真的。很多加入网络钓鱼攻击行列的人都住在经济严重衰退的地区。当地可能没什么工作机会，而且就算有工作，工资也是按照当地经济水平来支付的。但如果他们可以从美国人身上通过网络钓鱼赚到钱的话，哪怕所得远低于美国的最低工资标准，也能比他们在当地从事体力劳动（还要看有没有这样的工作机会）要赚得多很多。

不管怎样，随着时间的推移，网络钓鱼攻击者能指望赚到的钱越来越少。能够赚到钱过上好日子的攻击者，将是那些能够发明新的钓鱼技巧来欺骗到对钓鱼攻击已经有所防范的受害者的人。

比如，尽管已经Amazon.com已经具备相当不错的安全实践经验和很强的安全团队，此时它仍然是钓鱼者肥美多汁的目标，原因如下：

- 大部分Amazon.com顾客收到这个网站发送的大量广告邮件消息。

- 邮件接收人没有显而易见的方式来验证邮件的确是由
  Amazon.com发送的（参见图15-1）。邮件消息是HTML格式
  的（也就意味着它是一个网页，而且大多数收件人会用网页
  的方式来显示邮件）。要想验证网站的真伪，基本上你需要
  检查邮件中提供的链接并且确定这些链接都指向正确的网
  址。通常你可以将鼠标移动到链接之上停住不动就可以看到
  地址。但很少有人这样去做。

图15-1：亚马逊频繁地给顾客发送广告，就像上面这个

- 以Amazon.com的名义发出来的钓鱼邮件不是很多，人们对它
  的戒备防范不是很强（因为钓鱼者很少以它为目标）。

- 没人期待它会成为有价值的网络钓鱼目标，因为你不能直接获得财务方面的信息。

- Amazon.com确实强迫你输入很多次密码，所以一封钓鱼邮件把你带到一个看起来极像Amazon.com的网站然后让你输入密码不会特别让人生疑。

对Amazon.com的一个账号进行网络钓鱼有什么价值？如果我是坏蛋，我会做下面这些事情：

1. 申请一两个不会太让人怀疑的域名。也就是说域名里应该要包含"amazon"这个词——比如www1.amazon.com或者revalidation-amazon.com。

2. 发送看起来像是从Amazon.com合法发出的电子邮件，内容是为人们实际可能会购买的新东西进行广告宣传。这封邮件应该就是广告，而不应该像其他钓鱼邮件那样通常说"什么东西出错了"。"什么东西出错了"加上没有具体的账号信息明摆着就是有钓鱼企图。

3. 当受害人点击钓鱼邮件中的链接时，给她发送一个看起来极像Amazon.com登录页面的网页，登录的邮箱地址已经填好，但密码输入栏还是空白的（此时坏蛋还没办法知道受害人的密码）。

4. 一旦用户输入密码然后点击"确认"按钮，就把她重定向到真正的Amazon.com并登录。如果她键入的密码是错误的，也直接返回到Amazon.com的密码输入错误页面。

5. 不管Amazon.com发送什么网页过来，全部都转送给用户。充当用户和Amazon.com对话的中间人，让用户自如操作Amazon.com。也就是，她把信息发送给你，你再把信息转发到亚马逊，最后再把所有亚马逊返回的页面发送给她看。

6. 记录一切信息，以备用户恰巧输入信用卡信息。

7. 几天之后，我就开始用收集到的用户账号信息登录Amazon. com（这应该都是自动的）。我会开始寻找最近一段时间下的订单，一两天内都还不会发货的那种（这样Amazon.com在一段时间内就不会发送合法的邮件消息）。

8. 如果你的信用卡无效并需要填写新信息的话，我会发送一封看起来跟Amazon.com发送的一模一样的邮件（参见图15-2）。

```
From:    "Amazon.com Customer Service" <payments-update@amazon.com>
Subject: Important Notice: Your Amazon Order # 102-1729097-9127453
Date:    November 10, 2008 3:18:22 AM EST
To:      "viega-amazon@zork.org" <viega-amazon@zork.org>
Cc:      "payments-mail@amazon.com" <payments-mail@amazon.com>


Regarding Order 102-1729097-9127453 from Amazon.com

1 of Absolute Sandman Vol. 04
1 of Entropy in the UK (The Invisibles, Book 3)
1 of The Invisibles Vol. 1: Say You Want a Revolution
1 of The Absolute Sandman, Vol. 3
1 of The Absolute Sandman, Vol. 2
1 of Bloody Hell in America (The Invisibles, Book 4)
1 of Counting to None (The Invisibles, Book 5)
1 of Apocalipstick (The Invisibles, Book 2)
1 of The Invisible Kingdom (The Invisibles, Book 7)

Greetings from Amazon.com,

Your credit card payment for the above transaction could not be completed.
An issuing bank will often decline an attempt to charge a credit card if
the name, expiration date, or ZIP Code you entered at Amazon.com does not
exactly match the bank's information.

Valid payment information must be received within 3 days, otherwise your
order will be canceled.

Once you have confirmed your account information with your issuing bank,
please follow the link below to resubmit your payment.

We recommend you select an option to create a new payment method when
prompted and enter the complete information for the payment method you
wish to use.

http://www.amazon.com//gp/css/summary/edit.html/?orderID=102-1729097-9127453

To view your transaction status online, please visit:

http://www.amazon.com/gp/css/history/view.html

We hope that you are able to resolve this issue promptly.

Please note: This e-mail was sent from a notification-only address that
cannot accept incoming e-mail. Please do not reply to this message.

Thank you for shopping at Amazon.com.

Amazon.com Customer Service
http://www.amazon.com
```

图15-2：从Amazon.com发出的一封合法邮件提醒一次信用卡付款无法完成

9. 当用户点击链接，她会再次到坏蛋的网站。这次需要玩点花招，但基本上我会让这个网站看起来跟Amazon.com很像，用有问题的订单来收集她的新信用卡信息，与此同时显示她在真正的Amazon.com网站上会看到的内容。

最近，我的银行更换了我的借记卡因为它有一个大缺口，这样一来我用这张卡在Amazon.com上订购的东西就没办法处理了。Amazon.com就给我发送了一封电子邮件，如图15-2所示。

这份邮件是全文本格式的，但坏蛋会将这样的邮件用HTML格式发送，如此一来邮件中的链接看起来好像是指向Amazon.com的，但实际是指向黑客的网站。

从全面的计划来看，用最少的人力来让所有这些钓鱼步骤生效并不需要投入很多时间。如果有足够的技术背景的话，一周之内完成是轻而易举的。一个更专业的罪犯或许还会花更多的时间来确保每个步骤都正确工作，并将它捆绑在一个僵尸网络的基础架构之上。这样一来即使好人们意识到正在发生的事情，也很难阻止这些攻击（因为在这种情况下，坏蛋会把恶意的网站服务器在被黑的计算机之间不断转移）。

这并不是说亚马逊网站有什么不好。正如我在本章开头所讲，我的确知道它有一个很棒的安全程序。我只是用它来作为一个案例，因为我是亚马逊网站的忠实客户而且很熟悉它。真正的教训是坏人可以用很多不引人注目的方式来钓鱼牟利，因此用来钓鱼的潜在"池塘"不会有枯竭的可能。

现在有一个很大的湖，里面满是可以抓的"鱼"，而且没人在那里钓鱼。所有，有些人可以因此而发大财，但它也会很快因过度"捕捞"而枯竭。

一旦人们被我们的例子所示的网络钓鱼攻击过，警惕性就会提高，特别是用Amazon.com来进行钓鱼尝试的数量增加的情况下。Amazon.com也会采取某些措施来清楚地显示它的邮件消息是合法的（比如添加一个明显的包含你的真实名字的标题，一旦缺失的话你会立刻注意到这个异常）。这样，这个网络钓鱼攻击最终将不那么有效。人们会对亚马逊网站发送的邮件高度怀疑，然后只会直接浏览Amazon.com而不是点击邮件中的链接。或者说，我们希望如此。

但如果说网络钓鱼攻击一分钱也赚不到，那也不对（说实在的，或者是去钓真正水里的鱼儿）。还有很多类似这样的机会，坏蛋可以通过技术创新赚到一些钱。

第16章

对施耐尔的崇拜

毫无疑问世界顶尖的信息安全专家是布鲁斯·施耐尔(Bruce Schneier)。当然，布鲁斯·施耐尔或许还没到家喻户晓的程度，但他肯定比这个领域的其他专家更广为人知。

布鲁斯绝对应当得到这样的肯定。自从他在1998年开始为了补充他的非常有名的博客而创建Crypto-Gram邮件列表以来，到目前为止，布鲁斯已经成为最多产的安全权威作者。他面向大众市场（普通人也可以容易地读懂）写了几本很棒的关于信息安全产业的书，比如《秘密和谎言（Secrets and Lies）》（John Wiley & Sons出版）。布鲁斯对信息安全领域发生的绝大多数事情都作出过评价，而且通常都说到了点子上——在这些年中，只有几件事情我个人的看法跟他不同。

自从布鲁斯写了《应用密码学（Applied Cryptography）》（John Wiley & Sons出版)一书之后，在极客界中就有了摇滚巨星一般的地位，而此书仍然是市场上最畅销的信息技术图书之一。毫无疑问，它是有史以来信息安全领域中名列第一的书籍。尽管这本书在1996年的第二版之后就再也没有更新过，但仍然在重印之中，而且销售强劲。

从个人的角度，我对布鲁斯深怀感激。我相信他在2001年年初的时候为我的第一本书［《构建安全软件（Building Secure Software）》，与盖瑞·麦克格罗（Gary McGraw）共同创作，Addison-Wesley出版）］所写的前言帮助我们赢得了关注，甚至是在刚刚起步的软件安全领域都赢得了很多关注（那时的软件安全领域仅仅是指bugtraq邮件列表而已）。

因为布鲁斯是被援引最多的专家并且他发表的观点通常都很正确，而很多极客又认为《应用密码学》如此之酷（很多人称它为"密码学圣经"），他们通常对布鲁斯推崇备至。如果布鲁斯发表什么见解的话，你可以认为那就像摩西从西奈山带下来的戒律一样不容置疑。

尽管我希望看到更多的人能够独立思考，但我觉得加入对施耐尔崇拜的行列也没什么大错，把施耐尔放在神坛上，然后假定他关于安全事务的所有观点都是正确的。正如我所说的，他已经获得了信息安全顶级专家的名声。

然而，就像任何基于书面文字的好的宗教一样，在解释圣言的时候还是存在分歧的。

在评估软件系统安全很多年之后，可以肯定地说，我反对人们依据那本让布鲁斯成名的书来设计一个系统的加密功能。事实上，我可以确定地说，即使人们主要通过这本书来进行加密设计，我也从未见过最终能够开发成功的安全系统。我并不是说大家忘记了缓冲区溢出，我是说加密很差劲。

我为软件开发团队制定的规则很简单：不要在你的系统设计中使

用《应用密码学》。这本书写得很好，读起来也很有意思，但就是别按照它来构建系统。

对施耐尔崇拜的正统成员把这条规则看成异端邪说。我所说的正统（orthodox）指的是被广泛接受、普遍流行的信念。但在介绍布鲁斯·施耐尔的《实用密码学(Practical Cryptography)》一书时，他自己说这个世上充满了根据他早先的书籍所构建的破碎系统。事实上，他写《实用密码学》就是希望能够纠正这一问题。

所以，即使我是施耐尔主义中的少数派，我想我的观点也是得到了他的书籍的充分支持的。

我肯定有很多被洗脑的正统教派成员一定在想这怎么可能。

把施耐尔的书交给一个开发人员，就像把一个巨大的工具箱交给一个普通成年人，箱里装满品种繁多的工具，工具箱中为每一种工具随附一份说明书，然后就让那个人去建一所房子。他有很多种的锤子、螺丝刀以及诸如此类的工具。他还有很多种的钉子和螺丝。每种工具如何使用都有详细的说明，但就是没有一份建房的全面指导。你如何建造不漏雨的屋顶？你怎样安装门窗并且进行隔热？工具箱和说明书可能已经足够让一个人能够实际地建造一个像房子的东西，但它几乎肯定不会是高质量的能够防雨挡风并达到我们通常对一所房子所预期的那样。

与此类似，施耐尔的书讲解了加密的基础构成要素，但没有提供将这些要素组合起来在双方之间创建一个安全、被认证的连接的指导。

而且，这本书的最后一次修订已经是13年之前，在此期间，我们对于密码学的理解的变化很大。原先在书中被认为是正确的东西后来已经被证实为错误的。比如（原谅我使用技术行话，不过这些词汇不妨碍我想说的要点)，MD5加密在那时被认为是很强的加密方法，但现在已经知道它对于很多应用是不安全的。还有，为保证消息完整性，《应用密码学》一书推荐使用CBC(Cipher-Block Chaining，密码分组链接)模式，并用一个非加密的明文校验值作为明文的最后一块。尽管当时它被假定为安全的，但现在众所周知这是不安全的做法。

由于这13年的时间空缺，还有很多开发人员应该知道的东西却没在书中提到。比如，丝毫没有讲到SSL/TLS(Transport Layer Security，传输层安全)协议或者HTTPS(HTTP over SSL)协议。任何讲解快速构建实用安全系统的好书都应该涵盖如何正确地使用这些东西(提示：实际做起来要比听上去难多了)。

为那些对冗长加密行话感兴趣的人再解释一下，让我发此长篇大论的原因是我又看到了一个加密但没有消息认证的系统。该系统的开发人员骄傲地宣称他们使用了CBC加密模式而不是ECB(Electronic CodeBook，电子密码本)模式，因为ECB会很容易被攻击。然而，当(几乎总是如此)你关注消息的完整性时，也有针对CBC的简易攻击。《应用密码学》比同时提供保密性和消息认证的加密模式提前了好几年，也比NIST(National Institute of Standards and Technology，国家标准与技术研究院)为CCM（CBC加CTR模式）和GCM(Galois-Counter Mode，伽罗瓦计数器模式)提供的标准早了大概10年。所以就算是开发人员使用了这些超级模式中的一种，也非常容易用错。

我想要恳请施耐尔主义者们不要认为布鲁斯·施耐尔所写的每一个字都是绝对的事实(即使他的确是非常牛)。或许，在很长的一段时间后，这个人可以作为一种观点来进行表述！或许，他甚至可能每十年左右就出错。但最重要的是，如果他今天是对的，并不意味着他明天也是对的。

第17章

帮助别人安全上网

我的那些并非技术行业的熟人常常问我怎样才能保证在互联网上的安全。如果你正在读这本书的话，可能已经具备相当好的直觉知道应该或者不应该做什么。但你的家人和朋友不像你这样消息灵通而且了解技术，该怎么办呢？

这里是一些你能给他们的建议：

* 当你要为计算机安装操作系统更新、浏览器更新或者任何你用来在互联网上连接网站的软件更新时，越快安装越好！这很重要。因为坏蛋可以利用软件缺陷在你不知情的情况下掌控你的计算机，就是利用你当前运行的软件中的缺陷。

* 别用你从文件共享应用程序（例如Limewire、Kazaa、Bearshare或者是任何其他允许你从互联网下载音乐和应用程序的程序）下载的软件。通常这些都是恶意软件。

* 别点击网络广告，除非你已熟知这家公司或者产品。长相

"有趣"的广告，或者那些说得天花乱坠却一看就不真实的广告（比如，赢取免费iPod），大多数都是欺骗广告，并且有很大的可能性会自动下载糟糕的东西到你的计算机上。

- 记得避免提供你的私人信息除非你确定对方是合法的。一个帮你确定网站合法性的好用的免费工具是SiteAdvisor (*www.siteadvisor.com*)。它会对你浏览的每一个网站显示红、黄、绿三种颜色。

- 别打开来自未知邮件发送者的电子邮件中的附件。

- 只能打开那些你能肯定自己是收件人的电子邮件中的附件（病毒有时会自动将自己通过邮件发送出去）。

- 在计算机上运行反病毒软件并且确保你的更新订购没有过期。

- 大量的网站将坏东西跟你下载的软件捆绑在一起发布。另外，有些看起来合法的软件其实是坏的。应仅在下列条件下安装软件：

  —— 软件来源的良好口碑决定了它是不含间谍软件的。特别是，如果你是从download.com下载的，可以看到网站上有"已测试不含间谍软件（tested spyware free）"的字样。

  —— 仔细地进行网络搜索以保证这个软件与恶意软件没有任何关联。比如，如果你在搜索"FrobozCo WidgetWare"，也请搜一下"FrobozCo malware（恶意软件）"、"FrobozCo spyware（间谍软件）"、"FrobozCo adware（广告软件）"、"WidgetWare malware"、"WidgetWare spyware"以及"WidgetWare adware"。

- 确定你的计算机在使用正确的设备，这样坏蛋就不能轻易地利用计算机的缺陷。实际上你可以在装有Winuows操作系统的计算机上完成这个操作：

1. 点击"开始"菜单，然后选择"所有程序"→"附件"→"命令提示符"。

2. 在命令提示符窗口中输入**ipconfig**，然后按回车键。

3. 如果你通过无线设备连接网络，查看**ipconfig**命令输出结果中的"Ethernet Adaptor Wireless Network Connection"部分。如果是通过网线连接网络，就查看"Ethernet Adaptor Local Area Connection"部分。在对应的部分中，寻找以"IP Address"开头的那一行。如果那一行里的数字以10、192.168或者172开头，172后面跟着16到31之间的任何数字，你就没什么问题了。

4. 如果情况不是这样的，你就需要向一名极客求救了。告诉她你需要待在NAT的后面。

- 尽量确保连接到需要密码的无线网络。如果连接上的无线网络从需要密码变成了不需要密码，应该切断连接。同时，避免使用公共无线接入点。

以下是我给我的孩子们制定的安全规则（我发现，对孩子们进行解释是非常必要的）：

- 除了你的父母外，不能把你的密码给任何人，即使是身边的好朋友也不行。

- 不经过我的许可，不能下载或者安装任何程序。坏东西通常都是跟好东西打包在一起的。如果它是安全的，我会让你下载的。

- 不经过我的许可，不能点击任何广告，哪怕这个广告看起来很有趣或者看起来你可以得到某些免费的东西。

- 不经过我的许可，不能打开任何邮件附件。如果不是你认识的人所发的邮件，很可能附件是恶意的，就算是由你认识的人发过来，仍然有可能是病毒。

- 不经过我的许可，不能把任何个人信息给你在现实生活中不认识的人（尤其是姓氏、地址或者电话号码）。

- 很多广告把自己伪装得不像广告以欺骗你去点击它。如果你看到"有人向你表白爱意！"，别点它。

- 只能访问绿色的网站（这是假设你安装了SiteAdvisor）。如果你发现自己在一个红色的网站上，立刻关闭窗口。

- 如果有任何问题，向我咨询。

狗皮膏药^{译注1}：
合法厂商也会卖它

传统上，当安全专家们谈论狗皮膏药般的产品时（比如，实际上提供不了任何安全的安全产品），他们通常只有足够的勇气谈论那些可疑的公司所宣称的东西是假的——差不多总是跟加密有关。几乎没人会谈论那些有名人加盟管理团队的风险资本支持的公司。

还有一个特别的原因，就是对于大多数产品而言，是不是废品并没有一个清晰的界线。因此，公司的市场部门总能够找到对产品满意的客户，所以关于是否有用的争论就变成了可信度和观点的战争，技术的优缺点反而变成不是最重要的。更为普遍的一个问

译注1　原文使用的词是"snake oil"，直译就是"蛇油"，指的是江湖郎中用来骗人的、没有实际疗效的"万灵药"。这里考虑到中文的习惯和语境，把"蛇油"换成了"狗皮膏药"。

题是产品的确能够提供某种帮助，但并不像厂商努力要你相信的
那样出色。

就目前而言，如果我们说狗皮膏药般的产品就是那些市场宣传引
导客户相信它们能做到某些功能但实际上做不到的产品，那么很
多声誉卓著的安全公司都在贩卖狗皮膏药。

比如，想想Trusteer公司。它由U.S. Venture Partners公司做后盾，公
司有安全领域的资深人士以及一些很聪明的人才。此外，它还有
一个大客户ING Direct，我假设该客户对它很满意。

但Trusteer的产品是狗皮膏药。

它的市场宣传声称它的产品Rapport："……保护登录凭据和交
易，从桌面计算机到网站，即使计算机已经被恶意软件感染。"
当我初次听到这些宣传时，我是听到公司的总裁亲口所说的，当
时他在向我解释公司的业务（并非故意，我想他是个好人，只是
真诚地相信市场宣传所讲的东西）。我问："如果恶意软件作者
已经以你的软件为目标了，这是否还能够起作用？" 他说"是
的"，因为公司的技术将保护你的个人信息，无论你的机器是否
被感染。

有几种方法的确可以让你宣称具备以上功能，而且让它无懈可
击，但这位总裁向我解释的解决方案听起来却不像能做到这一点
的样子。基本上，Trusteer把它的代码放在你的计算机上，然后这
些代码会把东西模糊化。一个有决心的攻击者最终还是能够弄明
白这些代码在做什么，然后进行还原并且禁用Trusteer。

我唯一能够想象Trusteer用来为自己的技术宣传进行辩护的方法，
就是这样来说："哦，我们的程序运行在内核中，所以如果恶意

软件是以普通用户权限运行，它无法撼动我们丝毫。"但在现实情况中，有大量的恶意软件会进入内核。通常，坏蛋只需欺骗用户用管理员权限来安装某些软件就行了。

几天之前，一位朋友发给我一个视频链接，其中演示了客户恶意软件毫无障碍地击破了Trusteer的防护[1]。产品没有做到公司所宣传的功能。

如果我是Trusteer的团队成员，我将会这样说来避免狗皮膏药般的宣传："哦，我们从来没有期望人们认为它在任何情况下都能生效，只要大多数情况下有效即可。"我寻思ING Direct在Trusteer提供其产品时是否知道这一点。因为目前ING Direct在为它的银行业务客户提供一款产品，该产品可以让客户不必再担心他们的计算机是否被病毒感染。如果你唯一需要担心的事情只是身份盗用，还买反病毒软件干什么呢？

就算是Trusteer的市场宣传反映了它的真实技术情况，我认为它也在倡导一种错误的安全观念。长话短说，信任这款产品会做它声称自己能做到的事情，只会把你置身于危险之中，因为并不用费多大力气就能想到如果你的计算机被病毒感染了，那很可能就是由某种能让Trusteer产品失效的病毒简单办到的。事实上，如果足够多的人在用Trusteer的产品，这种类型的恶意软件肯定就会变得非常普遍。

但我认为如果你理解风险所在，这个产品也聊胜于无。当然，假使你认为你的计算机被病毒感染的可能性很大，那根本就不应该用在线银行，而应该担心病毒感染。但如果你觉得被感染的可能性不大，那这款产品在你被感染时，实际上也能多少起点作用。

---

1   *http://epifail.narod.ru/rapport.html*。

正如你所见，狗皮膏药和合法产品之间的界线通常就在于市场宣传。作为一般经验法则，软件安全公司要让你觉得自己是足够安全的。但其中很多的公司会很高兴地误导你，让你相信自己比实际的情况要安全很多，而这就将最终把你置于糟糕的处境之中。

所以，对你所买的安全产品进行一番研究，确保你至少大体上对产品的技术优缺点都有所了解，这通常都是值得做的。

第19章

生活在恐惧中？

我有点不好意思地承认我是电视剧《24小时（24）》的观众。在享受轻快易懂的剧情和动作场景的同时，我最喜欢该剧的地方却完全是另外一些东西。

《24小时》是一部关于国土安全的电视剧。它描绘了这样一幅世界场景：在形形色色的恐怖活动之下，我们能活下来更多是依靠运气而不是别的什么。在它描绘的世界中，国土安全部形同虚设，主要是因为官僚主义制约了优秀人才的作为，而只有那些愿意绕开制度的人才会得到好结果。

在《24小时》的剧情中，他们大量谈论计算机安全。坏蛋们攻破政府计算机。好人们攻破政府计算机。然而我最爱的是嘲笑他们荒谬的安全和技术讨论。

比如，在《24小时》的世界中，整个政府机构都在一个大型防火墙的保护之下。当坏蛋们控制了防火墙，他们立刻就能在任何美国政府的计算机上做任何事情。在最近的一集里，坏蛋们用他们的访问权限控制了美国联邦航空管理局(FAA)的航班系统。

这个情节里面有很多错误。首先，如果你能绕过防火墙，并不等于就自动让你获得了防火墙所保护的计算机的全部访问权限——最开始只能让你看见这些计算机。你仍然还得找到入侵计算机的方法。

而且，真的有人指望联邦航空管理局会把航空交通管制系统与能访问公共互联网的计算机连接在一起吗？当然，或许会因为人们的违规操作而将该系统接入了互联网，意味着或许有可能从公共互联网黑掉联邦航空管理局，但想利用这样一个错误将会极端困难。坏蛋们怎么知道哪台计算机能够访问联邦航空管理局的系统？难道准备在每一台他们能够破解的美国计算机上逐一查验吗？坏蛋们有目标地针对联邦航空管理局雇员并破解他们所使用的计算机会把成功概率提高很多。但即便这样，我敢打赌联邦航空管理局肯定设有防止误用的系统，哪怕是从合法用户发出的请求也不行。

现在，轮到好人们来尝试攻破坏蛋的机器了。我知道那些代表美国政府工作的人们会在软件中找到安全漏洞以供政府有策略地利用（希望他们别把这种东西用在自己国家的公民身上）。但要做《24小时》中所表演的那种规模的事情是极端困难的，尤其是没有内线协助的话。

另一个我喜欢的桥段是当他们拍一张不怎么样的照片或者一段视频（比如说，通过监控摄像头），然后"增强"图片来获取所有的细节。当然可以对图像进行细微的强化，但《24小时》中描绘的方式只可能是魔术。

我觉得《24小时》反映了美国在遭受"9·11"恐怖袭击后人们

的恐惧情绪，试图给人们这样的印象，即世界远比实际要危险得多。恐怖分子是不是正在试图炸掉美国境内所有的核电站，就像《24小时》中某一集所演的那样？可能不行——对于任何规模的恐怖组织这都是不现实的目标。对于小型恐怖组织，可能会制造一些局部破坏。在电视剧里，有个魔法装置可以访问所有核电站的发电机。那纯粹是神话！

一个大型恐怖集团试图发动大规模有组织攻击的问题在于越多人员参与，被人认出关键成员并阻止行动的风险就越大（哪怕个别坏蛋直到最后一分钟才知道袭击目标，就像"9·11"的情况那样）。哪怕炸掉20个核电站也是野心过于庞大而很可能失败。

如果我是恐怖分子[1]，我会很开心地炸掉一两个核电站，然后对全世界宣布我们能够在任何时间对其他几十个核电站做同样的事情。就是说，如果袭击成功并且传播恐惧，恐怖分子就取得了最大效果。

即使是在"9·11"中，坏蛋也只是劫持了几架飞机并且将飞机撞向了几栋建筑。那已经足够让大众产生恐惧情绪。如果恐怖分子当时的目标是40架飞机，他们可能已经要面对各种复杂情况，包括在美国找到足够多受过训练的飞行员愿意为了那个原因去执行自杀式任务的困难。

如果恐怖分子真要摆开架势在我们的地盘上开展游击战，他们就不会花力气去偶尔袭击高价值目标。就是因为工作量太大了！

事实上，恐怖分子可以用一点游击战术把大家的日子变得相当悲惨，就是让所有坏蛋都独立行动或者组成人数不多的独立小组。他们可以炸掉很多州际桥梁让人们去自己想去的地方变得困难，

1　我的图书编辑说我会"成为一个大恐怖分子"！！我猜这是指我正让她的工作变得更加困难。

他们可以炸掉很多铁路让火车脱轨，他们可以在城市中人口稠密但安全防范疏漏的地区引爆炸弹（比如，夏日的纽约时代广场）。这种战争能引起很大的恐惧，尤其在城市地区。而且它会让我们的社会花很多的钱，用于修复损毁以及增加安全措施来防范未来的袭击。

但坏蛋们没有做这样的事情。我相信就是因为没有足够的人手来对美国实施这些攻击。如果你是来自一个意识形态跟美国有巨大差别的国家，你会很难拿到签证。拿到签证的人中绝大多数都是因为工作或者家庭团聚。那些人通常会更多地专注在自己的生活上，而不是全部奉献给政治，特别是当他们与人交往并了解到尽管我们互相之间文化不同，但有很多的好人住在这里（就跟世界其他地方一样）。当然，边境安全永远不可能完美，总有一些人越境进入美国，但真正的恐怖分子想要集聚足够多的反美群体并造成长时间的持续动乱还是很困难的。所以，这种事情是不会发生的。

世界正变成一个越来越安全的地方，即使考虑到所有的因素。暴力犯罪率长时间以来一直在下降。我们拥有更多的安全措施，但却更多地为安全问题而忧虑。我们不会让16岁以下的孩子离开我们的视线。比如，在我8岁时，我常常在我家乡小镇的四周骑自行车玩耍，没有父母在旁边（只有在晚餐时才会回家）。这种事情要放在今天，就是把小孩置身于危险之中。老天，我看见过一个家长团体谴责另一个家长，因为该家长把一个8岁的小孩放在游乐园里的餐馆门外等待而自己进了洗手间。

我认为这种偏执狂文化的发展壮大是因为我们被各种负面信息狂轰滥炸。这些信息充斥在新闻和《24小时》这样的节目当中。即使是别人告诉我们统计数字而且我们也知道我们所处的环境已变得更加安全，但就是没有觉得更安全，因为信息透过电视、杂志、互联网和其他途径变得过度曝光。

到目前为止在我的观点中，我基本上已经暗指国家安全在很大程度上是无效的。我认为这是正确的主张，但不是全部事实。没错，它没什么用，因为恐怖分子总会找到一些容易下手的目标，比如桥梁或者人群，但有几个与此相关的重要问题：

- 我们是否因为现有的安全措施而处境变得更好？

- 是否值得花钱改善安全？

- 我们能否改善现有的投入安全领域的资金的使用方式从而得到更好的保护？

对于第一个问题，很多人争论说我们的大部分安全措施都只是"演戏"。以航空安全为例——它看起来令人印象深刻，但很显然它并不像预想中那样有效。我在新闻报道中读到过很多次，人们成功地把装有子弹的枪支偷运过安全检查点（通常是为了测试安全检查效果如何）。坏蛋们会完全绕过机场安检，只需利用快递人员能够使用机场跑道的其他工作人员。

我个人认为这种观点有些过于愤世嫉俗。是的，机场安全运作得并不完美。但是，它能够以足够高的概率检测出某些事物，让坏蛋不太可能以身涉险，把装着子弹的手枪放在行李袋中通过安检。即使有很多漏洞，但我们现有的系统让坏蛋需要更努力并且花费更多才能降低风险并增加他们通过安检的几率。

举个极端的例子，如果我们完全废除航空安全体系，恐怖分子进行自杀式任务或者劫机会变得很容易。看起来似乎事故的数量就会上升。还记得劫机相当普遍的时候吗？我记得在我小时候劫机经常发生。有趣的是，那些被劫持的飞机并不是从美国起飞的，因为在美国有机场安检，而是从没有安检的国家起飞的。现在世界各地都有基本安检了。

有些人或许会同意我的观点但仍然会问为什么我们一定要脱鞋、把笔记本计算机从包中拿出并且检查我们携带的液体物品。这一类检查似乎性价比不高，并不清楚实际的威胁有多大，也有可能相当小，但这些措施却是对每个人极大不方便的。

我认为这可能是对的。有些安全专家把这类事物称为"安全表演"。美国运输安全管理局（TSA）在安检处安排了一出大戏，但你乘飞机时并没有真的比"9·11"恐怖袭击之前更安全。

但这样做有隐含的价值——它让人们觉得更安全了。不管这些措施的效果良好还是糟糕，它要比什么都不做强，也让大家感觉更好些。

至于美国能否在国土安全资金支出方面更加高效这个问题，回答起来要困难得多。理论上，应该有数不清的方法可以提高性价比。实际上，政府机构的官僚作风以及运作大型组织机构的实际情况让这些措施变得极端困难。

第20章

苹果真的
更安全吗？

这是个很有趣的话题，因为不管是支持这个观点还是反对它的人都会为此变得相当情绪化。

在解释我的观点之前，需要声明从2001年上半年Mac OS X发布以来我几乎只用Mac。我出身于Unix，而且从来没有喜欢过Windows的缺乏可用性，所以苹果很适合。但是，我对粉饰苹果没有特别的好感，尤其是当涉及系统安全时。所以，我不会自认为是真正的苹果"粉丝"，但我的确认识很多在苹果公司工作的人，所以对它的产品安全团队有一些深入了解。

苹果和它的粉丝们会谈到苹果平台更安全是由于几乎没有针对苹果平台的恶意软件。

系统安全专家则会谈论有大量的OS X漏洞被公之于众，所以该系统绝对不是天生就比其他操作系统要更加安全。

两种说法都正确！是的，OS X有大量漏洞。我不会说"大量"是一个夸张的数量——大家都知道安全软件的开发难度很高，所以总是会有各种问题。而且在任何一个像操作系统这样的大型软件中，总会发现更多的安全漏洞。我认为真正重要的是苹果似乎严肃地对待所发现的问题，并在问题公开后（在有针对性的恶意软件出现时披露信息）及时地提供补丁程序。

与此同时，据我所观察到的，只有几个真正专门地针对苹果系统的恶意软件（包括Leap Worm、RSPlug Trojan以及OSX_LAMZEV后门程序）。不管苹果计算机的操作系统中有多少漏洞，几乎没有一个漏洞被真正的恶意软件所利用。做一个OS X的用户要比做一个Windows的用户风险小很多，这是明白无误的，哪怕微软已经花费几十亿来提高自己产品的安全性，而OS X用户可能根本就不需要运行反病毒软件。

这到底怎么回事？？！！为什么坏蛋们好像对OS X不是很感兴趣？这是个非常有趣的问题。似乎OS X应该成为一个大靶子才对，因为它的市场占有率现在是如此之高——在美国售出的新计算机中有差不多超过20%的机器是Mac（但Gartner宣称苹果的市场份额只有6%）。不论在市场份额问题上谁是对的，我会大胆猜测一下在任何特定时刻正在使用的计算机中有7%～10%是Mac（至少在美国如此）。即使是只有3%，这样的个人计算机的数量也是相当庞大的，对坏蛋们来说应该是个有吸引力的目标，可以用来构成被感染主机的大军并投入垃圾邮件、广告推送以及诸如此类的战争中去——尤其考虑到绝大多数使用Mac的用户不装反病毒软件（我也如此！）。

如果你查看公布的销售数字，在2007年苹果卖出了大约600万台笔记本计算机以及400万台台式机。而且，我大胆猜测一下，大多数苹果用户都跟我一样——用一台笔记本计算机作为主要机器，仍然还有其他一到两台台式计算机配置了更大的硬盘来装他们所有的照片、音乐和电影，或者用来作为专用的媒体编辑工作站。但他们并不会在这些台式计算机上下载安装很多软件或者用它们花很多时间来上网。我已经有两台苹果台式机差不多作为专用的多媒体计算机（孩子们在旁边的时候，在我的监督之下，有时会用它们来浏览Disney.com或webkinz.com）。然后我还有另外两台计算机作为测试机器，平时都处于关机状态。

这些台式机通常不会用来做风险太高的事情，因为它们对大多数人而言是备用机。笔记本计算机才是我们用来浏览互联网阴暗面的机器。这些笔记本计算机大部分采用苹果系统，用于每天跟互联网打交道（我猜超过80%）。

如果我是坏蛋，我会对"控制"一台总是在移动并且经常关闭的计算机不感兴趣。很难指望这些资源，因为联系它们并利用它们是很难的。由于在使用中的台式机如此之少，所以我会说在对攻击者有用的机器中苹果计算机只占很小的比例。

另外，开发针对OS X系统的恶意软件的成本要高很多，因为没有可用来降低成本的工具。我还从来没在OS X上见过任何跟Pinch类似的恶意软件制作工具。所以，如果你是一个坏蛋，就需要具备苹果系统开发技能，而以前在其他系统上，你根本不用任何特别的技能就可以制作恶意软件了。

最终，苹果或许也会成为容易得手的果实。但还有大量的Windows个人计算机仍然准备着被控制。对于大多数人而言，控制这些Windows个人计算机只需花费很少的钱。所以，简单的恶意软件经济原理就很好地保护了苹果计算机用户——不需借助反病毒技术。

我肯定最后瞄准苹果计算机的坏蛋们还是能令性价比更高，而且坏蛋们会很难再找到没有被控制的Windows个人计算机。那一天到来的时候，就是对OS X形成真正威胁的开始，也是在Mac上安装恶意软件防御工具的开始。在那之前，反病毒软件就是我可以不买的东西！

第21章

好吧，你的手机不安全，你应该在意吗？

安全厂商很久以来就一直预测坏蛋们将很快把手机作为目标。这就造成"狼来了"的效果。这个预测人们已经听了很多遍，所以就不听了。

据我所知，这个预测最早出现在2000年。反病毒厂商从2003年开始推出手机安全产品，或者更早些（Airscanner 好像是我能找到的最古老的手机安全产品，它显然不是晚于2003年推出的）。每年都有新预测和新产品。然而，几乎没有真正针对手机的恶意软件出现。真的没有理由去听那些悲惨阴暗的预言。

关键问题在于为什么坏蛋们没有盯住移动平台。毕竟，去年卖出的智能手机跟笔记本计算机是一样多的（数量都差不多在1.2亿到1.25亿这个范围）。

而且不同于有些人所相信的那样，入侵手机是有利可图的。坏蛋还是可以用手机中的恶意软件来做一些事情，比如发送垃圾信息。但坏蛋也能做其他事情。比如，在欧洲有一项广泛应用的技术称为短信支付（pay-by-SMS），可以让你通过发送一条文字短信来购买物品。你可以用这种方式进行在线购物，也可以在饮料自动贩卖机上买汽水，诸如此类。一个坏蛋可以入侵一部位于德国的手机，然后用它通过短信支付来为自己在芬兰买一罐汽水。

在Symbian智能电话操作系统（目前最流行的智能电话系统，常见于诺基亚和索尼爱立信的手机）中出现过真正的恶意软件能做上述那类的事情。

手机恶意软件还没有大规模爆发，只出现过几十个这种类型的坏软件，什么原因呢？

哦，有很多细节让坏蛋没那么容易得逞：

- 手机厂商为移动电话提供了相当好的网络安全性。坏蛋们无法通过网址找到某部特定的手机——手机必须主动地与他们通信。而很多智能手机（比如iPhone）中的应用程序要保持稳定的通信状态是很困难的。如果坏蛋有一个包含很多手机的僵尸网络，她会很难及时访问这些僵尸手机。话说回来，如果僵尸网络的规模足够大，这还是不是一个大问题就尚不明确。另外，即使是iPhone也极不情愿地被迫支持推送技术，使用此技术，应用程序不必主动地从与它们经常联系的服务器上接收消息。

- 通常手机的处理能力（processing power）并不出色，也就意味着如果恶意软件开始运行，手机用户就极有可能注意到他们的用户体验变得糟糕。如今，恶意软件的全部目的就是为了偷窃！当然，手机的处理能力正在变得越来越强大，而且在最新的智能手机平台上这已不是太大的顾虑了。

- 在大多数手机平台上，想不让用户注意到某些可疑事情正在发生，安装并运行一个手机应用程序是非常具有挑战性的事情。例如，在iPhone上不通过App Store是没办法真正安装应用程序的，除非手机本身有一个较大的安全问题（位于底层软件之中的漏洞）。所以坏蛋们要么需要找到这些漏洞并加以利用，要么开发一个恶意应用程序并且让手机用户开心地安装在自己的手机上。

- 因为手机厂商的网络安全措施，在手机上几乎不可能不需要用户做任何操作就悄悄地安装恶意软件。坏蛋不仅需要通过伪装身份来欺骗用户，而且绝大多数智能手机的用户其实并不经常用手机上网（在美国，很多人甚至不会发送文字短信）。

- 成功入侵一部手机并不能显著提高坏蛋们攻击其他手机的能力。这与公司网络不同，坏蛋如果入侵了公司网络中的一台计算机，就可以窥探公司防火墙后面同一子网中其他计算机的密码并扫描容易攻击的服务。

- 手机操作系统通常会让干扰其他应用程序非常困难。比如，如果坏蛋能让用户安装一个恶意程序，或许还是无法看到手机网络浏览器中输入的密码。

综上所述，可见让恶意软件入侵并且运行在手机上通常是很困难的。其中有部分原因是用户数量太少，有部分原因是可用性问题，还有部分原因是技术难题。

当然，总是偶尔有针对智能手机的病毒，但我没见到大规模爆发。时至今日，坏蛋们有很多容易得手的目标。他们仍然可以通过攻击个人台式机和笔记本计算机来非常容易地获得金钱，而不必跟手机死磕。这个局面可能最终会改变，但我丝毫不感到担忧。

第22章

反病毒厂商自己制造病毒吗？

我经常被问到（而且一般很严肃）的问题是迈克菲公司里是否有人编写并传播计算机病毒以增加自己公司的杀毒产品的销量。

我也曾见过其他我所认识的在一家大型反病毒公司工作的人被问到同样的问题，而且回答通常都是那种被冒犯的既惊讶又恼怒的"当然不会"，首要原因当然是那样做是非法的。而在大多数人心里，那样的回答方式是自我防卫，或许会被理解为心里有鬼。

从个人的角度，我认为自己是个有道德的人，所以如果迈克菲在做某些明显违法的事情，我会觉得自己有责任来指出问题。而且如果这种事情发生的话，我肯定不会再次回到这家公司以履行自己的职责。

简明扼要的回答当然是"没有"，至少迈克菲（也希望其他所有公司）没做那样的事情。但一个更为精确的回答应该是，尽管从公司角度绝不容许这样的事情发生，但也不排除极少数的情况下公司里的某人在某个地方胆大妄为地制作了恶意软件。

如果确有此事的话，似乎动机也不太可能是为了提高公司的销售业绩。对于一个很聪明、能够开发恶意软件的工程师而言，这样让公司受益的方式也太隐晦了，而且他或她肯定也意识到这种行为是不道德的。如果这个员工如此违背道德，我猜他更愿意为自己牟利，与他是一家大型公司的员工这件事并无直接联系。

我确信这种事情在安全行业的历史上曾经发生过，但据我所知，绝对没有一家主流反病毒厂商会认可这样的事情（尽管我听到过传言，说某些小公司这样做过以提高它们的知名度，证明它们的产品比大公司的更好。我通常发现这些传言都没有太高的可信度）。

实际上，迈克菲有很严格的措施来保证在可以避免的情况下，不让恶意软件发生意外从公司泄漏出去。所有恶意软件样本按规定都应该在隔离实验室（隔离的意思是没有与外界连接的网络，人员带入和拿出的物品都受到严格控制）中进行分析。如果样本没有放置在隔离实验室，那么样本的文件格式应该是不可执行的。通常，这意味着样本被存放在有密码保护的压缩文件中。尽管这些密码总是同一个而且人尽皆知，但这个做法避免了人们不小心运行被感染的文件。

不，对于任何安全厂商而言绝没有必要开发自己的恶意软件。很明显对于其他人而言开发恶意软件是有利可图的（即使是大胆地猜测，也很难估计恶意软件市场的规模，但大多数基于事实或者数据的预测似乎都认为这个市场规模有几十亿美元）。此外，开发复杂的恶意软件来屏蔽反病毒软件并捕获用户密码出乎意料地简单，简单到你根本不需要知道如何编程。任何想写恶意软件的人都能写出来。关键之处完全在于传播开发出来的软件——让人们愿意安装这个软件而又不会追踪到你。

写恶意软件的门槛基本为零，尤其是对于一个善于欺骗的人而言。恶意软件的全部目标就是钱，特别是因为风险程度极低。在很多国家你可以干这样的坏事而不必太担心政府来追查。你可以从安全的公共互联网终端发起恶意软件运动或者垃圾邮件运动。

第23章

反病毒行业困境的
简易解决之道

如果我告诉你反病毒行业作为一个整体可以减少在恶意软件研究上的运营成本,同时给用户提供远好得多的安全保护,结果会如何?听起来像白日梦,但我要说这不是梦:反病毒行业所有要做的事情就是组织起来解决"打包工具(packer)问题"。

首先,我得说我认为反病毒行业中的大多数厂商都在走入一条死胡同。如今,研究实验室每天收到几千个互不相同的恶意软件样本(如果以不重复的可执行程序来计算,大约是2 000到6 000个)。很多样本可以被自动检出,也有很多不能这样处理。大多数厂商都跟不上这样的工作量,即使有几家公司安排了几十人进行反病毒研究。检出率远远低于恶意软件数量,而为了跟上恶意软件的产生速度,反病毒公司不得不投入更多的运营资金,这导致运营成本节节攀升，而这种状况在反病毒技术改进之前都不会改善。

我们现在来看打包工具问题，这可能是反病毒领域最大的问题。坏蛋们使用打包（packing）软件和加密软件来故意让他们的恶意软件变得晦涩难懂。我会高度概述一下这个问题（其实它也是反病毒软件中大多数准确性问题的根源），然后我会谈论它的影响以及反病毒行业如何应对。

打包软件基本上就是对一个二进制文件进行编码，目的是把该文件的尺寸变得小一些。结果会生成新的二进制文件，在运行原来的那个二进制文件之前要先将它解包（unpack）。打包后生成的二进制文件通常看起来是一系列毫无意义的字符。

一个反病毒厂商如果只看这个文件的静态版本，能够辨识出它是基于二进制的某种编码，但要想获得更多的信息就会有大问题了。

也许可能通过观察正在运行的解压缩程序来了解这是怎么回事，所以反病毒厂商能够解包并分析真正的恶意软件的二进制文件（当然，它可能被打包过很多次）。一旦反病毒厂商能够分析恶意软件的二进制文件，事情一般就非常非常容易了。

这儿的游戏就是坏蛋们要把他们的恶意软件变得很难被好人解包（或者解密），越难越好。对于坏蛋而言，比较简单的做法是对一个基本的恶意软件一次又一次地重复打包。通过这种方式，即使某个反病毒厂商鉴别出某个可执行文件是恶意软件，它可能也没法获得该可执行文件的解包结果。坏蛋们变得经验丰富，定期改变某个恶意软件的打包方法（比如说，每小时变一次，每100次下载变一次或者在运行时改变）。

到这一步很多技术人员会说："真荒谬！合法厂商们不需要都做相同的事情。他们应该能够看出某个文件是否被打包，是的话就判定为恶意软件并拒绝运行它！"很不幸，实际情况要比这复杂得多。很多合法软件厂商为了不让竞争对手探测到商业机密，也会用跟恶意软件作者相同的工具和技术来故意让自己的代码变得晦涩难解（现实是，节省存储二进制文件的磁盘空间并不是主要关心的问题——在实践中，运行时占用的内存大小才是比计算机资源限制更重要的东西）。

好人们要用跟坏人用的一样的工具，因为他们都很想尽一切可能不让别人识破包中的内容。所以即使有人能够分辨所用工具的区别，反病毒厂商也不能按图索骥并屏蔽任何那个工具生成的东西。厂商还需要继续操作，解压该文件并查看它是不是真的恶意软件。这样做很傻，因为坏蛋可以很容易就创建一种新的打包工具或者加密工具来挫败现有解包/解密的自动化分析尝试。而且从另一方面说，要编写某些通用解压或解密的工具基本就是不可能的。

反病毒厂商使用的方法之一是拿打包过的恶意软件样本来看它们做什么操作。这个方法有几种变化形式。以下是有一定自由度的：

- 他们可以真正运行恶意软件样本（在真正的机器硬件或者是虚拟机上），或者他们可以在一个定制的模拟器上运行。

- 他们可以尝试判断什么时候样本被完全解包，然后在内存中分析恶意软件静态样本。或者他们也可以忽略打包的情况而尝试恶意行为的迹象。

- 他们可以在公司的研究实验室中做以上所有操作，或者在顾客的计算机上做这些。

大多数公司混合搭配来部署上面提到的方法的不同组合。比如，桌面反病毒产品可能包含一个模拟引擎来尝试解开包或者加密包并分析结果。公司也可以在实验室的虚拟系统上处理恶意软件样本来分析它们的行为。

这些听起来都不错，但结果表明这些系统的成功率并不令人满意。例如，如果某个反病毒公司在最终用户的机器上运行模拟器，有什么方法能够阻止坏蛋对模拟器进行反向工程，或者至少是测试模拟器的相关参数和运行机制直到开发出不会触发模拟器报警的恶意软件？通常，坏蛋都会有好方法来避免被反病毒软件检测出，至少保持到将来对恶意软件内容进行更新之前。坏蛋有很多技巧可以用来避免触发后台的分析程序，简单的做法有"如果在虚拟机上运行就不表现出恶意软件行为"或者"不进行恶意操作除非在这个月的第一个星期五的这个10分钟时间段内"，这些招数在特定的平台上都非常管用。

如此一来，就出现了不断持续的军备竞赛，而坏蛋们处于更为强势的位置。

如果公司之间团结的话，反病毒行业可以通过集体协商来解决这个问题。我提议他们可以成立一个"安全技术互操作论坛"（Consortium for Interoperability with Security Technology，简称为CIST，不是肿瘤）。初步计划时间。可能是2010年之后，所有打包/加密的软件以及反常的自我修改软件将被自动标记成恶意软件，除非它满足以下任一条件：

- 这个应用程序由某一个厂商进行数字签名，而且数字签名证书是由CIST注册过的。

- 这个应用程序由CIST独立注册。

大多数应用程序不需要数字签名或者任何形式的注册，因为它们不会被加密或者打包。如果公司觉得需要保护他们的知识产权，也会花点小钱来给代码申请数字签名证书并且注册这些证书。另外，注册过的公司应该能够一次性地给CIST提供一套现有的应用程序名单以保证这些应用不会被标记为恶意软件。

这种做法肯定会有些小的技术问题，比如是否所有代码都需要数字签名、怎样指定什么程序被签名等。我个人想看到的是每个可执行程序把它所用到的共享库文件按数字编号列出清单，然后用一个签名涵盖所有这些元素。但可以肯定这些小问题都能够被妥善解决。

当然，CIST要能够在它发现有人实际在兜售恶意软件时吊销人们的证书。如果注册运作良好的话，这个系统应该能够引入一些真正的问责制，这样当某人确实试图在系统中耍花招的话，应该会比较容易地制止他并让他接受惩罚。

反病毒行业需要为了自己而采取行动。为了所有人的福祉，需要建立一个集中的打包/加密应用程序注册机构。被打包或者加密工具保护的恶意软件不仅仅会花费大量的金钱，而且它正开始伤害反病毒厂商的口碑，因为他们无法检测到病毒。如果我们能够回到过去的时光，那时一天只会有几个真正不重复的恶意软件产生（即无法轻易被判定为其他恶意软件变种的东西），不是很美好吗？如果我们能够解决打包工具的问题，多少就能够到达那个境界了。

第24章

开源软件安全：
一个转移焦点的话题

如果你现在正在读这本书，想必你至少熟悉开源软件运动。很多人，从学生到兼职的专业开发人员，编写任何人都可以获取并根据其意愿进行修改的自由软件。数量惊人的大公司对开源软件作出了卓越的贡献，其中包括蓝色巨人IBM。很多重要的软件都是开源软件，包括Apache这个排名第一的网站服务器平台（互联网上有一半的网站都是使用Apache来建设的）。

大约10年之前，一个名叫Eric S. Raymond的人开始在顶级极客圈之外宣传开源，包括公司、政府以及其他机构。他所宣称的内容之一就是开源软件跟封闭软件相比会更加安全，因为"很多眼球（many eyeballs）"理论。他坚信，因为软件源代码是可以自由获取的，很多人都会检查安全缺陷，这一方式在商业软件中是无法做到的。

这个说法是偏见，在过去的十年间我已经相当大声地说过了。

不要误会我——我热爱开源软件！但是，不出所料地，如果我写一篇关于这个主题的文章，人们会像这样说："很明显你对开源根本不了解，如果你了解的话，你就会意识到开源软件就是要比商业软件好很多！"然后我会说我已经开发了很多开源软件，其中包括Mailman，一个主要的邮件列表管理工具，它在过去的12年间都很受欢迎。

"开源软件就是更安全"的说法并没有被清晰地定义过。"很多眼球"效应是最初论据的基石。

但很多安全领域的事情都缺乏清晰的定义。一个程序比另一个更加安全是什么意思？比如你有两个程序A和B，程序A可能有1 000个安全缺陷而程序B只有1个。如果坏蛋永远都没发现程序A的这1 000个漏洞，但他们发现了程序B中的那1个，这时谁更安全呢？我想这全是定义的问题。在我看来，程序A有更多的安全漏洞，而程序B却将用户置于危险之中。

开源安全的主题实际上包含两个截然不同的问题：

- 开源程序是不是往往比闭源程序有更多或者更少漏洞？这里问题的本质其实是漏洞率，因为很显然闭源商业软件的数量要更多。

- 开源软件用户遭遇安全问题的可能性是更大还是更小？

我会尝试解释这两个问题，但我想第二个问题要远重要得多。比如，我曾经有个软件服务，当我刚开始接手时需要200多个服务器来处理负载，因为代码完全是用Java写的。现在，即使用户群更大（因为出于性能的考虑用C语言重写过了），整个系统却非常宽裕地运行在8台机器上面（其实还可以用更少的机器）。重新改写后的系统花费非常少的运营成本。所有节省下来的服务器总费用正好可以用来支付处理安全漏洞的额外支出。事实上，因为系统是封闭的而且只在公司内部运行（它是作为服务的软件，而不是那种安装在最终用户计算机桌面的东西），并且因为我们投入资金支持了软件安全的开发实践，将来处理漏洞的成本可能就是零，哪怕还有未发现的大安全漏洞。

让我们来看看对以上两个程序安全问题有影响的一些主要因素：

代码设计和编写人员的安全知识

你对安全问题了解得越多，就越有可能避免各种你所了解的问题。这一点对于开源软件和商业软件都是成立的。有很多高中生为一些名气很大的开源项目做开发，他们对软件安全问题缺乏必要的培训或者学习，但再重复一遍，大部分开源软件的开发者都对编程充满热情并且对软件安全也有相关的了解（或者至少是自认为有所了解）。在商业软件开发世界中，很多开发人员并不喜欢他们的工作，他们只喜欢这份工作带来的收入。另一方面，很多开源软件开发人员都是通过自学获得相关的知识技能，实际上并没有经过完整、周详的软件安全教育。他们知道一些东西，但通常还有很多方面没有接触到。然而，很多大中型软件开发公司都会为他们的开发团队提供安全培训。

从评估这些培训效果的人们那里我看到一些证据，表明软件安全培训效果并不是非常好。情况似乎是，即使课程是由那些评价很高的老师讲授，但大多数开发人员会在培训之后的6个月内忘记大部分培训内容。根据我的观察，我相信有热情的人会更好地记住培训内容。不管怎样，我认为对软件安全保持热情很重要。即使是在开源世界中，对自己的产品充满热情的人也不能对安全满不在乎，但他们也不会真正去学习软件安全知识。

软件开发者的水准

通过这一点，我想说的是即使那些了解软件安全问题的人也不会对这些问题获得免疫力。作为一名开发人员，如果你专注于手头待完成的软件功能，你就会轻易忽略了安全问题。根据我的经验，商业开发环境更有可能在项目进度上为开发人员安排额外时间来处理安全相关任务，或者在开发流程中设置特定工具来强制所有开发人员遵从良好开发实践。比如，很多商业软件公司都有工具来阻止开发人员把某些与"危险"规则相匹配的代码提交到产品中。这种做法在开源软件中非常少见。

开发团队所作的技术选择

比如，有些人会用C语言来编程，因为他们需要应用程序具有运行效率。商业开发环境更有可能付钱使用工具来帮助开发出更加安全的产品，即便有些人人都可以使用的免费工具，商业软件公司通常更加愿意投入资金来解决问题。所以，因为投入了资金，商业软件工具通常都要比免费工具有用得多。

人们发现软件安全问题的难易程度

如果查找软件安全弱点的人拥有源代码并且有能力运行程序，那是再好不过的情况。如果没有源代码，任务通常就会变得难多了。的确，通常有些问题可以不用看源代码（比如说，通过边界测试）就很容易地找出来，任何人都做得到。而一旦容易发现的目标都找完了，你就得去看程序代码了。源代码从总体上用易于理解的方式表现了实际运行的机器编码。如果没有源代码，就得去看一些相当底层的东西了。这也是可行的方式，但很少有人有这样的技能（逆向工程），即便是那些有能力这样做的人，花费的功夫也可以用巨大来形容。

由于商业软件开发都有进度或者预算目标的控制，查找缺陷所引发的支出增加也就意味着那些做此工作的人必须在超支更多或者找出较少缺陷中作出选择。因为所需的技能门槛太高，能做这件事的人就不会太多。很明显没有源代码的话，软件安全研究人员只能发现更少的缺陷，而按照能力他们本应该发现得更多。

再加上在"软件即服务"模式下，人们甚至都没办法拿到一个程序来进行逆向工程分析。^{译注1}

找到缺陷时人们采取的行动

非常多的安全研究人员在找到安全缺陷之后会公之于世。这把人们置于危险之中。因为有些人出于不可告人的目的正在搜寻这些缺陷。如果公司内部审核或者花钱请人来审核，通常不会把问题公开——他们只会悄悄地修复这些问题。如果没人知道问题所在，人们通常会安全一点，特别是对于那些不经常进行软件升级的人而言，即使有软件安全问题也没有关系。

用户升级的快慢程度

如果用户升级得很快，假如软件的新版本变得更安全的话，他们面临的风险就少些。有时情况会正好相反，因为新加代码引入了新的缺陷。如果坏蛋们找到了新版本中的缺陷，那么用户使用旧版本可能会更安全些。通常而言，如果你只关心降低软件安全缺陷的风险，经常尽快升级可能会是明智的方法（可能会有其他原因妨碍升级，比如成本、新版本中有更多缺陷等等）。

译注1　在"软件即服务(Software-as-a-Service)"模式下，应用程序不像传统方式那样运行在用户本地的机器上面，而是运行在服务器或者某台远程机器上，普通本地用户不具备管理控制权限，所以无法拿到应用程序来进行逆向工程分析。

寻找安全问题的人员数量和技能水平

大多数对开源软件有访问权限的人不看代码，或者如果随便看看的话，也不花力气去理解代码的大部分内容。那些深入研究代码的人大部分是为了修复软件缺陷或者添加一个他们自己需要的新功能。倒是有个开发者社区尝试找出软件中的缺陷，但他们通常是为了提高个人的知名度（有些的确是为了恶意利用缺陷而加入缺陷寻找队伍的）。但坏蛋们主要是利用安全研究者发布的漏洞（安全研究者是希望通过帮助解决问题来让软件变得更加安全）。安全研究者可能利用自己的时间查看知名开源软件的代码，但如果"很多眼球"理论正确的话，大多数问题已经被充分地挑出来了（所以软件可能更加安全）。但很多软件虽然有一些用户，却并不知名（意思是这些软件还没重要到能让缺陷发现者的简历增色），那这些软件能吸引眼球来寻找安全问题吗？或者优秀的安全审核者是否会把目标集中在高度知名的商业软件上？由闭源商业软件厂商开发的知名软件要远远多于开源软件厂商所开发的知名软件，而大型软件公司通常都有几百款产品。如果你能找到一款大型软件公司制作的小成本软件（因为用户较少），这就可能是一个查找软件安全缺陷的好地方，因为很有可能这样的软件的安全设计和实现不如公司其他产品那样严格、完善。而且，与开源软件不同，对于这样的软件，用户不多并没有关系，你将赢得同伴的尊敬，因为你发现了一个主要软件厂商的软件问题。

确实，当手中没有源代码时，查找缺陷会非常非常的困难，但又不是不可能。如果你构建了正确的简易测试工具，有时会很简单。实际上，做极度困难的工作会让你在同伴眼中的形象更加高大。还有，实际上是商业软件中有更多缺陷等着被发现。因为商业软件项目通常都要比开源软件项目大得多，那么即使一个商业软件的缺陷率低于一个开源软件（当然，不是指定开源软件），但因为有更多的代码行数，程序中也会有更多的安全缺陷。

到现在为止，我估计专职查找软件安全问题的从业人员也就在几千人。开源软件中的重要部分都被人充分地仔细检查了，但通常大公司的软件可能还没有吸引足够的注意力，可能是因为查找缺陷所需的工作量要大得多。

而且，公司更愿意花钱来查找安全漏洞，要么通过直接雇用人手来看这个问题，要么间接地让员工花时间来解决问题（公司也经常花钱购买软件工具来在开发流程上给予帮助）。这里最大的动力来自于美国政府，它通常都对开源软件心存疑虑（谢天谢地，这一点正慢慢发生变化）。然而，我曾经见过政府在采购之前要求软件厂商对产品进行外部安全审核，甚至见过政府投资来自己做这样的安全审核。

总结起来，我不认为开源软件能够吸引更多的眼球。或许那些顶级的开源程序可以做到这一点，但如果你看一个主要软件厂商制作的普通商业软件，我认为它有很大可能已经吸引了更多的注意力。

很大程度上，我认为把问题焦点集中在源代码是开放的还是商业的是一个转移焦点的话题。纯粹的"软件即服务"应用或者基于网络的发布当然是例外。在这种情况下我认为保持源代码封闭很明显具有优势。

为什么是转移焦点的话题？就像极客们喜欢说的那样，"关联并非原因"。并不是由于某些东西开放或者封闭才有了质量更好的软件。一个更好的指标是为了让软件变得安全投入了多少资金。

这么说吧，大多数流行软件的安全性都很不错。最流行的开源软件被更多地审阅。最流行的商业软件通常在培训、工具、审核以及其他方面有巨大的投资。

当然，开源软件有其长处（可能开源软件开发人员往往引入较少的缺陷，因为代码数量要少得多），而闭源软件也有其优势（比如，发现缺陷的困难程度）。

然而，没有真正的证据表明两种开发模式的任何优点对软件安全有显著的影响，无论是投入资金的多少还是审阅工作量的大小。

再具体一些，为了回答"是开源软件还是闭源软件更有可能产生更多的软件缺陷"这个问题，我会说："没有确切的数据来证实或者证伪，但软件是否开源可能跟软件是否流行没有直接关系。"当然，直接相关的因素是其他一些东西。

比如，在软件设计阶段为了避免缺陷而投入的资金，其影响力远比为了修复糟糕设计而投入的资金深远。电子邮件系统比如Postfix和qmail可能在软件安全方面的投资要少于Sendmail，但所有对Sendmail的投资是在有证据清楚地表明它的设计很差而且有数不清的缺陷后才决定的。与之相反，Postfix和qmail的设计者在他们构建软件时是令人难以置信地防备严密。

现在，让我们回到这个问题："商业软件和开源软件的用户中谁更容易被病毒感染？"

坦率地讲，可能你在一台Linux机器上运行开源软件是最安全的。但那仅仅是因为使用Linux的用户如此地少，以至于坏蛋们根本不愿意在这个上面投入资金去开发针对Linux的恶意软件。如果世界上80%的用户在使用Linux，那么就变成你使用Windows可能会更加安全了！如果你是在Linux系统上运行商业软件，除了核心操作系统本身之外，你可能还是要更安全些。

现实中，大多数人都要用相当主流的系统，所以这个问题只有当开源软件和对应的闭源软件都运行在同一个平台上时才有意义。

再重复一次，在我看来这个问题被归结为软件的流行程度和其他因素，比如投入了多少资金之类。当然，其他相关因素还包括程序中有多少缺陷以及有多少缺陷被人发现了。

比如，可能微软的Exchange邮件服务器现在比Sendmail有更多的软件安全漏洞，但如果坏蛋又发现了一个Sendmail的缺陷，那Exchange的用户就要更安全一些。从历史记录来看，作为一个Exchange用户你要更安全些（但最安全的是qmail的用户）。

总之，你可以将开源和闭源问题一直争论下去，但其实从一开始提出的问题就是一个转移焦点的伪问题。

第25章

为什么SiteAdvisor
是极好的主意

我在迈克菲公司工作之初从做的第一个工作就是对SiteAdvisor的收购。对于不了解这家公司的人而言，SiteAdvisor的基本功能就是告诉你哪些网站是好的，哪些是坏的。用户会看见一个绿色的勾或者红色的叉作为注释，添加在网站搜索结果的后面。如果你浏览一个网页，也会有一个标志来显示网站的好坏。

SiteAdvisor做到这一点的方式令人影响深刻。它基本上测试了整个互联网。要达到这样的规模是很困难的，但这个不起眼的初创公司通过了不起的工作解决了主要的技术难题。老实说，在看到SiteAdvisor的团队做了什么之前，我也许会想这种方法可能行不通。这些伙计们是第一个基于这个原理（到目前为止）做出了可信的产品，这一点也不让人惊讶，因为它是令人难以置信地复杂，几乎可以说是疯了。

很多人都批评了这种方法。比如，在被AVG公司收购之前，"安全漏洞防御实验室"（Exploit Prevention Lab，简称为XPL)曾公开批评过SiteAdvisor并不是实时地对网站进行检测。SiteAdvisor的确是离线检测，并且周期性地更新它的主数据库，随后用户从数据库中进行查询。XPL的理由是它能查找到更多利用安全漏洞的恶意代码，因为检测是基于当前的实时结果，而不是被第三方测试过之后发布的结果。XPL这样说是为了服务于他们自己，因为他们正在销售基于浏览器的安全漏洞防御方案，该方案是作为一个浏览器来运行的。

XPL的技术不错，但即使它把自己列为SiteAdvisor的竞争对手，我认为XPL与此并不相关，因为它根本没有提供太大的客户价值。首先，安全漏洞检测几乎跟网络浏览体验毫无关系。只有不到百分之零点五的网站上存在着活跃的安全漏洞，而且这些站点通常都不会在网页浏览中被访问到。某个人在浏览过程中进入到安全漏洞的几率是微乎其微的。尤其是大部分的网络访问流量都指向小部分网站，而这些网站因为访问量很大，一般都有较好的安全措施，不大可能在网站上有某种安全漏洞。尽管SiteAdvisor也防御这一类情况，但首先它不是一个对消费者的大威胁。

SiteAdvisor主要的价值在于告诉大家网站还有什么其他不对的地方。SiteAdvisor订阅很多电子邮件列表，然后再查看这些列表是否会发垃圾邮件给你，以及你是否能够退订这些列表。它会告诉你如果打开一个网站，是否会被洪水般的弹出页面淹没。它会告诉你访问的网站是否含有间谍软件的下载链接。在互联网中有很多远比安全漏洞更为普遍的东西，它们对人们日常的网络浏览体验实际上有很大的影响。

比如，现在我用谷歌搜索"屏保"，我会看到大多数的链接，包括所有最靠前的，都有可能散播广告软件。如果没有SiteAdvisor

这一类的工具，大多数人不会想到是这样的情况。而所有这些情况，还是谷歌长久以来一直尝试在搜索结果中鉴别"坏"网站的结果。谷歌也是针对安全漏洞而不是试着去辨别广告软件之类的东西。

使用传统的主机安全解决方案如反病毒软件，终端消费者并不能真正看到反病毒软件在发挥作用，尤其是没有坏事情发生的时候。只有下载到恶意软件的人才会看到它在工作。看不见，就不放在心上！消费者认为主机安全没有从前有价值了，所以他们花钱购买的意愿就迅速降低。有了SiteAdvisor，迈克菲就能在每天浏览网页时向所有的消费者展示公司的价值，而且是用不干扰用户的方式。这是我在深入之后看到的第二个价值，而三年来我还没有看到有任何人在这方面能够与SiteAdvisor匹敌。

第26章

对于身份盗用我们
能做些什么？

如今信息安全技术消费的最大驱动力之一就是身份盗用的威胁。各地区和各行业的法律规定不同，但如果是由于公司自身的原因造成数据丢失，那么很多公司会被追究责任。

在现实中，有很多数据遗失或者被盗窃。根据隐私权信息交流中心（Privacy Rights Clearinghouse）的统计报告，单在美国，从2005年初开始就已经丢失了超过2.15亿份电子数据记录。目前，在大多数情况下，这些记录并没有被用于身份盗用，因为它们是被丢失的，而不是被盗窃。比如，迈克菲曾经有位审核员把一张包含员工信息的光盘遗失在了飞机座位后边的袋子里。这些数据应该与垃圾一同被清理掉了。但经常发生的话对消费者而言却是真正的危险。

而且，还有传统的偷盗个人信息的方法没有被算在内，比如在餐馆抄下信用卡的信息、翻检某人的垃圾以及其他类似情况。这对于普通消费者而言风险已经非常高了，尤其是考虑到要花几个星期的时间来打电话消除造成的影响和损失，还得在可能的情况下才行。有些人就因此造成了巨大的信用问题。

有几种方法可以在这个问题上取得一些少许进展。比如，很多公司都投入巨额资金来对笔记本计算机进行数据加密。那样的话，如果一个员工的笔记本计算机上有个人信息又丢失了计算机的话，潜在的小偷就不能获得其中的数据。

另一个对消费者有很大实际影响的做法是在交易中绝对不要让信用卡离开视线。在餐馆就餐时，不要把信用卡交给服务员并让他消失在柜台后面，在那里他可以自由地把信用卡的一切信息拷贝下来——包括验证数字（CCV），而是让服务员拿移动刷卡机过来，你可以自己刷卡，然后在餐桌旁边注视整个交易过程。这个系统已经在全世界的很多地方广泛应用了，但在美国第一次较大规模采用这项技术是在2007年，由Legal海鲜餐馆连锁店首用。

然而，这些修修补补的方案没有消除主要风险，特别是在美国，那里有一个巨大的败笔——社会安全（Social Security）号码。美国人被强制要求在大多数与财务有关的活动中使用社会安全号码作为单一标识。基本上，任何时候有人需要查看你的信用记录，他就会向你要社会安全号码，而你大多数时候就告诉他了。你必须向你的信用卡公司、贷款中介甚至是本地手机店的伙计提供社会安全号码，当他为了你的新手机而检查你的信用记录时。

如果任何一家你给过社会安全号码的组织丢失了它，或者如果有人偷了你的钱包而其中正好有社会安全卡的话，只要再加上一点很容易获得的其他个人信息，坏蛋就可以用你的名字进行活动，给你创造一系列新的"信用"记录，而等你知道这一切时可能已经太晚了。

有人通过信用监控服务来解决这个问题，但这类服务要收取相当昂贵的年费，而且就算信用行业免费开放这项服务（一个很昂贵的提议），问题仍然可能存在，比如当人们搬家、更改了联系方式或者是那些消费记录不多的人。

实际上，如果我们能用跟社会安全号码功能一样但更加安全保密的标识就会好得多，这样一来即使有人偷了这个号码，她也不能做任何会伤害受害者信用的事情。

从技术的角度而言，由于有了现代密码学，这并不是一件太难的事情。想象有这么个系统：它能够为每一个需要查看你的财务记录的公司提供一个独立的社会安全号码，每个号码对于你而言是独一无二的。这个号码可以由运行在你的手机上或者在一个可以放入钱包的小智能卡上的软件计算产生。号码也可以与特定的商户绑定。比方说，假设你去弗莱德银行（Fred's Bank）申请一笔贷款。弗莱德银行会问你要一个身份识别码用来调查你的信用记录。银行也会给你它的识别码，你可以把它输入你的手机或者其他设备用来生成你的一次性身份识别码。你肯定可以限定商家能用这个识别码来做什么事情，比如仅允许商家进行一次信用记录调查，或者，如果是抵押贷款公司，你可能会允许他们在30天内进行多次信用记录调查。

有了这样的系统，如果你到一家手机商店并且用这样的身份识别码来进行对你的信用记录调查，店员就不可能拿走这个号码并且盗用它开一个支票账户，因为银行会知道这个号码并不是专门针对银行业务的。如果某人试图用偷来的身份识别码在Equifax[译注1]上

译注1　一家提供信用评分和信用报告的公司，*http://www.equifax.com*。

查看你的信用记录，Equifax就能根据识别码知道最初你把这个号码提供给了谁、该号码应该有多久的有效期以及你允许商家用这个号码来做什么。如果其他的组织试图用这个号码来进行信用记录调查，Equifax就会拒绝服务。

在此情境之下，所有一次性社会保险号码都可以用同一串数字开头，这串数字对你而言是独一无二的，就像现在所使用的社会保险号码。后面的数字就是特别针对各个商家的不同用途而有所不同，它们对于商家的用途来说是非常重要的。

这个方案中的各个环节可以非常容易地用软件来自动运作。比如说你在移动电话商店里，他们想要查看你的信用记录。假设你有一个小智能卡，上面有一次性社会保险号码生成软件在运行。你可以把卡插入读卡器中，然后输入个人密码来授权生成一次性号码（个人密码添加了一层安全措施，可以防范智能卡被盗或者被他人使用）。你的智能卡可以保存在手机商店中生成的一次性社会保险号码，保存的记录可以上传到家中的计算机。这个号码会被自动地由读卡器传给商店，这样一来没人需要麻烦地把它写在纸上（这是个好事，因为这个号码可能会比传统的社会保险号码要长一些）。整个方案也可以在手机上实现，借助蓝牙，或者是使用无线射频识别（RFID）和配套读卡器。

技术上，要设计如上所述这样一套高度安全的方案已经没有什么太大的挑战。但仅仅因为技术上可行并不意味着它就一定能够实现。采用这套方案有巨大的现实障碍。

第一个很大的障碍是可能需要制定标准。技术细节需要被高度精确地制定出来，因为会有几千家公司来分别实现这个系统的各个部分。不是所有的厂商都要去生产读卡器，但很多厂商至少需要去修改他们的内部应用程序以处理新的号码，这就需要精确的规范。即使技术本身简单，一项重要技术的标准化进程最少也需要3

年的时间，而且经常出现的情况是花费的时间比3年要长很多。此外，会有很多公司在制定标准的过程中提出互相冲突的议题。比如，蓝牙厂商可能想要通过电话来部署此项技术，而其他厂商可能偏好基于智能卡的廉价解决方案。人们会很自然地趋向于选择折中的解决方案，这样可以适用于任何厂商做任何事情，哪怕是冒着让这项技术变得非常令人困惑、很难用或者很贵而最终走向死路的风险。

而且一切设计和实现都必须能够向下兼容以适用现有的社会保险号码。这就要求必须仔细地考虑以保证实施和转换的支出不会比实际需要高出很多。

一旦标准让厂商觉得足够合适而可以开始实施，他们就需要着手开发和测试的工作，这可能要花费很多时间。而且，行业要有财政激励来支持这项新技术，这可能并不是消费者所能推进的。相反，它可能需要来自于政府监管机构（尽管只要参考标准就很简单，但这也需要一些时间）。

这个方案最大的挑战是成本，成本才是采用这套方案很大的现实障碍。开发、测试和部署新的软件和硬件有研发成本。接着，单个的厂商需要生产并部署他们的软件和硬件，这通常都是一项不小的任务。

然后，软件以及可能包括智能卡硬件需要分发到最终消费者的手中。社会安全局（Social Security Administration）在发放之前验证人们的身份也将是一笔支出，而且硬件本身还有成本。如何来支付这些账单？无疑，为了把它分发到每个人的手中，一些补助金是必需的。然而，一开始并不需要每个人都用上这个技术，只需针对那些特别担心身份盗用以及那些能够负担得起这笔开支的人。几乎可以肯定，即使是使用大规模生产的智能卡而不是纯软件解决方案，一个最终用户所负担的总支出应该在25美元以下，哪怕是那些早期用户负担了整个供应链的成本，也不应超过这个数字。一段时间之后，成本应该降下来，使政府能够更容易地提供补助金让低收入家庭使用这项技术。

身份盗用肯定是安全行业需要解决的重要问题，就算成本高昂以及周期漫长，全社会最好也应采取长久的方式并且尝试一次性解决问题的症结，而不是不断地去修补一座即将崩溃的大坝上的无数小洞。

从实际的角度，我强烈促请美国政府让国家标准和技术研究院(NIST)立项来领导社会安全号码替代方案的国家标准制定工作，然后在一个长期的推出时间表上强制部署。如果这样的努力能在2009年开始，那么那些愿意适当支付费用的人就很有可能在2020年时看到一个真正的解决方案。

第27章

虚拟化：主机安全的银弹？

主机安全的最大问题总是当你的防御措施失败时所发生的那些糟糕情况。而且的确所有传统的以主机为基础的防御都有失败的可能，尤其是当你考虑到通常很容易欺骗用户来安装恶意软件时。

但当你的防御失败，而且坏蛋在你的机器上获得了立足之地，你就置身于非常糟糕的情况之中。如果足够努力，坏蛋通常可以让你机器上运行的任意安全产品失效。所以即使你选的产品最终的确能够防范某个安全威胁，可能对你而言也太晚了。

通常情况下，当坏蛋们让防范失效时，他们也无法让所有的安全产品失效。如果你所使用的优秀安全产品不是那么流行，那么与运行某个全世界的坏蛋都以其为目标的品牌产品相比，情况可能要好一些。

在过去的15年间安全行业都没能解决这个问题。我期待着变化的
到来,因为这个问题的一个相对容易的解决方案已经出现——虚
拟化技术。

通过虚拟化,你可以在一个操作系统上运行另外一个操作系统。
我不是指你得互相叠加运行两个图形用户界面,比如在Mac OS X
之上运行Windows。相反,你可以有一个用户通常看不见的非常
小的操作系统。为了讨论方便,让我们称之为SecureOS。你的桌
面操作系统可以选择运行在这个操作系统之上(为了讨论,我
们假定你正在运行Windows)。在理想情况下,你的安全软件可
以运行在SecureOS中而且能够保护Windows。如果Windows被感染
了,就只有Windows受到影响。那是因为,从Windows的角度看,
它正运行在某台机器之上,并不知道其实它是受SecureOS控制的。

如果某个坏蛋闯入你的机器而没被反病毒软件或者其他主机安全
软件检测到,他还是只攻破了Windows,而不是SecureOS。反病毒
软件仍然可以从SecureOS之中进行网络连接以获得更新,并清理
被感染的Windows软件。目前,一旦Windows被感染,唯一管用的
方法就是确保你的反病毒软件(或者其他主机安全产品)正在发
挥作用,从一台确知安全的机器上下载启动时扫描工具,然后在
重新启动被怀疑感染的机器时运行这个工具。即使是重启动,对
于用户而言也是苦不堪言的。运用虚拟化技术,用户就什么不也
用做——一切都可以在后台自动完成。

这个方案在技术上是可行的,尽管构建时会很复杂。尤其是把
所有主机安全软件从Windows中移走需要很大的工作量,因为主
机安全产品通常依赖于Windows的部分功能才能正常运作,哪怕
只是文件系统。然而,如果必要的话,一些安全代码可以运行在
桌面操作系统的一个中间地带,与SecureOS保持通信。SecureOS
将监控Windows环境中安全代码的完整性,因此当坏蛋们破坏系

统时它就能够监测到。此外，通信和更新通道总是需要建立在Windows范围之外。

另外，当SecureOS本身也不再安全时情况会如何也是个问题。也就是说，如果虚拟化平台有安全问题，就让坏蛋在闯入Windows的同时也闯入了SecureOS。然而，虚拟化系统留下的攻击面（attack surface）要远少得多。这就意味着与普通操作系统相比，虚拟化系统需要加固的门窗要远少得多，这对用户而言通常就没有那么危险了。

同一类型的虚拟化技术能为你的个人数据提供很好的保护。你的个人数据（特别是信用卡号码、社会安全号码以及你妈妈的娘家姓译注1之类的信息）需要一直保存在SecureOS环境中，除了经过特意的加密之后提供给与你有业务往来的公司。你的Windows机器只是传递一些加密后的数据，而不能看到你的个人信息。显然，必须有个办法可以访问并且改变你的个人数据，而且在使用此方法时用户不必为数据是否安全而感到困惑。最终，虽然存在较大的可用性问题，但并没有真正根本性的技术困难。

像这样的系统的关键需求之一就是要在操作系统之间有真正的边界，其通信接口是有限的（比如，一个小的攻击服务）。还有一些解决方案可以让程序运行在半虚拟化（semi-virtualized）的状态下，意味着在操作系统之内，通过很多手段试图让程序无法看到其他的程序在运行。这样的解决方案存在易用性问题而让它很难成为某种银弹，并且它们也有一个很大的攻击面，因为它们实际上是运行在操作系统内部。

然而，你可以在硬件或者BIOS层做这样的事情。硬件层的虚拟化

译注1　美国的社会习俗是女人出嫁后改随夫姓。母亲的娘家姓由于并不彰显，这样的信息通常会被用来做找回网站密码时的问题答案。作者在这里用这种说法形容需要保密的个人信息。

支持有助于将这种技术带到更加贴近于实际的情况。而且，如果苹果想从微软得到一臂之力，它应该把这项技术放在苹果有控制权的开放固件(Open Firmware)之上（相反，对于运行Windows操作系统的机器，微软并不控制它们的固件，这就让它的虚拟化努力更为重要）。

这种虚拟化技术应用的主要问题在于成本。主机安全厂商将不得不做很多软件工程工作来将他们的技术重新编写为工具。然后他们还必须让客户认同虚拟化。在直接有虚拟化支持的新硬件上，这将不会或者很少造成性能影响，但老旧计算机肯定会有大问题。而且，即使现有的硬件的确支持虚拟化技术，厂商们还是需要与用户一起努力将他们的非虚拟化操作系统迁移到一个虚拟化的设置中。

无论如何，我认为虚拟化是主机安全长远的未来。你的主操作系统最后也会被虚拟化为一个"访客"操作系统。安全服务会开始迁移到"主机"操作系统，我希望，这会是一个小巧、专用的技术成果。

如果我们能够做到这一点，那么在安全厂商与坏蛋们之间永不停歇的战争中，天平将会第一次向安全厂商倾斜。厂商们将能够在合理的假设之下作出相当合理的安全保证。他们将不再手足无措地希望坏蛋们别获得管理员权限或者找到攻破SecureOS的方法，因为一个特别而且受到限制的技术从根本上会比整个操作系统更加容易获得安全性。

第28章

什么时候我们能够消除所有的安全漏洞?

恶意软件通过两种常用方式感染机器:

- 受害人自己安装它。通常是无意的,比如下载某个像屏幕保护程序的东西但实际上其捆绑了恶意软件。

- 用户没做错什么,但恶意软件就是出现了。这是因为软件中有安全漏洞。

软件中有无数的安全漏洞,它们分布在任何地方。从2005年至今,每年平均有超过7 000个常用软件中的安全弱点被发现并公布出来。没有被公开发布的弱点比这个数量多得多。有些在被发现之后就被修复了,但总是有很多的软件安全漏洞从来没被发现过。

在某种程度上，如果用户自己不把事情弄得一塌糊涂，情况就简单多了，但总有一些人会落入表面看上去合法的骗局之中，所以就避免不了出问题。根据我的数据统计，在用户没有做错任何事情的情况下，仍然有超过一半的恶意软件出现在计算机上。此外网络应用程序中的所有安全问题即使不会危害你的计算机，也会把你的数据置于危险之中。

看起来我们应该能够针对这个问题做些什么。难道开发人员不能通过写软件来修复它们吗？

坦率地讲，我从未看过软件没有安全漏洞。现在假设我们知道了关于软件可能出怎样的错误并被用于邪恶目的的所有事情（尽管我们并不知道），还是有很多待解决的问题：

- 从经济的角度来说不值得把每个人都培养成专家。

- 无论如何也不可能把大多数人变成安全编程专家。

- 开发人员没有动力在安全上面花时间。

- 公司没有动力在这个问题上进行足够的投入。

- 就算是专家也会犯错或者忽略某些东西，所以要消除所有的问题要付出巨大的努力。

软件的很多地方都会出错并被坏蛋们利用这些错误。要成为了解一切可能发生的错误的专家，基本上需要学习安全知识并专注于安全工作很多年。比如，当你进入加密技术这样的领域，需要花很多时间来掌握复杂的技术。想要真正理解这个领域，而不是仅仅遵循这个领域的大师给你的一些规则，你需要对很多晦涩的数学问题有深入的研究生程度的理解。

大多数自称"安全编程"的专家甚至对加密学都没有深入的理解。很多安全编程书籍中的加密技术指导就是毫无争议的错误，会导致开发出坏蛋可以攻击的程序。该死，有好几本加密技术的书都是这样的情况。

要点在于，让人们掌握所有可以避免安全问题的知识绝不是一件性价比高的事情。即使在大学的计算机科学专业，整整4年的时间里每个学期都专门开设一门关于软件安全的课程也不够。

的确，有很多的材料要学习并且很难全部吸收。但更为甚者，有很多人根本就不会吸收任何这些知识。在20世纪90年代后期我做过很多安全咨询并且在各个行业的大型开发部门花费了大量的时间。总是有那么一两个人对安全充满热情，但却没有时间来深入学习。我遇到的人中大约有3/4的人对任何技术都没什么兴趣。他们通常下午5点就下班了，只花最少的力气来工作（也会多花那么一点），因为对于他们而言工作就是薪水而已，不是他们乐于享受的某种东西。像这样的人在任何情况下都不可能有热情来掌握高深的安全问题。

但是，即使是那些学习了所有的材料而且可能确实也喜欢从事软件安全工作的人也没有动力成为真正的安全专家，因为他们的公司并不会为安全专业技能提供奖励。造成这个后果的一部分原因是这些专业技能很难衡量，另外一部分原因是很多公司没什么动力去关心安全问题，因为它们的客户并不要求这个功能。

在一个典型的开发组织中，开发者们是以进度的精确性被衡量的——他们是否按时完成任务。当你查看一个通常的软件开发进度表时，关注的焦点是客户要求的功能。在一些组织中，安全任务可能的确被排入了开发进度表，但它们通常不是最优先的——如果其他任务不能够按时完成，安全任务就有可能被砍掉。

如果任务是"审阅代码以发现安全缺陷"，你如何衡量任务是否完成，又如何衡量完成的质量呢？如果开发人员回来说，"我没有发现任何安全缺陷"，那么可能的确没有，也可能有几十个甚至上百个安全问题。无论如何，很难分辨开发人员是完成得好还是差。就算是有几十个缺陷，可能它们都极其隐晦，开发人员需要具备他们所没有的专业技能。

你可能想到的解决这个问题的方法之一就是使用工具来自动发现问题。的确有一些这样的工具存在，但有整整好几类的安全问题用这种工具根本就不可能发现——通常需要人工来发现这些问题。

即使试图让开发人员来做预防性的事情，通常也很难衡量他们是否真正地做到了。而且，如果他们不去做，反而更加可能会获得奖金的奖励，因为此时开发人员更有可能按照计划完成任务。

如果稍后有人在产品中发现软件安全漏洞怎么办？公司处理这些问题，但我还没见过任何人为此而被追究责任。或许公司在很少的预算下尝试做得更好，但就算是失败了，也没有人受到责怪。

通常的见解是开发人员并不是安全专家。就算是他们已经花了大量的时间进行培训并尽了最大努力，他们可能也不能免俗——会不小心留下安全问题。

我认为这个见解是对的。即使是广受尊敬的软件安全专家也会不小心在他们的软件里留下安全漏洞。更别指望那些朝九晚五，按时上班到点下班的人能够接近这样优秀的程度了，特别是在如果他想要与众不同他就得精通如此之多的东西时。

相对于隐藏在代码中的问题数量，公司必须处理安全问题的情况却比较罕见。我们假设每10 000行代码中有1个安全漏洞。过去几年中我已经做过好几次这个研究了。这里有很多变数，这个数字可能变得好很多（如果你是丹·伯恩斯坦[译注1]），也可能差很多（如果你只是一般的C语言程序员），但这已经是一个相当好的假设前提。同时我们还假设全世界在使用的软件代码行数只有100亿行（实际数量可能要比这个多很多，因为许多商业应用软件都有几百万行代码）。

这会让我们相信目前待发现的软件漏洞数量至少有100万个。然而去年大家只听到发现了7 000个漏洞。从互联网诞生至今，我们发现的软件安全漏洞连2%都不到。

如果你发现了安全问题，但世上的其他人并没有发现同样的问题，那么通常就不值得花钱来解决这些问题。对于大多数小型商业公司而言，可能就根本不值得花任何钱来解决问题，因为别人对它们的软件不感兴趣，不会以此为攻击目标。

如果你是微软或者甲骨文（Oracle）公司，那么你就是一个大目标，而且如果人们发现了足够多的软件安全漏洞，你的安全口碑就会变得很差（正如那些公司已经发生的一样），这不仅损害你的品牌，而且最终会让用户选择你的竞争对手的产品。对此你就会很介意了。

中型公司会如何呢？呃，让我们看看一个不点名的著名公司。在大约1 000万行不重复的源代码中，所有产品在其生命周期里只发现了大约40个软件漏洞（很多漏洞其实无关紧要，所以真正会对用户造成影响的也就屈指可数的那么几个）。因为它的大多数产品使用C和C++开发，我预计它可能每2 000行代码中有1个安全漏洞。如果假设开发人员遵循了所有软件开发的最佳实践，很可能

译注1　丹·伯恩斯坦（Dan Bernstein），伊利诺伊大学芝加哥分校数学教授，同时也是加密专家和程序员。他是几款高安全强度软件的作者，包括qmail、djbdns、ucspi-tcp、daemontools、publicfile等。

漏洞的数量会降到每5 000行代码有1个。那么，在这家公司的软件中应该至少有2 000个安全漏洞。如果是这样的话，那么外界只发现了预计漏洞数量的2%。

为了获得良好的口碑（相对于其他公司而言），这家公司每年花大约100万美元让它的产品更安全。记住，这是一家我认为软件开发安全实践水平高于行业正常水平的公司。如果这家公司希望发现产品中的所有缺陷，它必须投入数额巨大的资金。

看看微软，它已经在软件安全问题上花费了数十亿美元，在解决问题方面已经取得了很好的成绩，但离"消除所有已发布软件中的安全问题"这个目标还很遥远。安全公司Secunia在2008年的前10个月中针对微软产品发布了71个公告。而在2007年全年，他们总共只发布了69个类似的公告。公告通常是指在同一时间发现的多个类似缺陷，所以在过去3年中的每一年，在微软庞大的产品线中都有超过100个漏洞曝光在公众面前。2002年，微软真正开始在软件安全上投入大量资金，所以在花费6年时间以及几十亿美元之后，它离消除软件安全问题这个目标仍然很远。

实际上，在开发Windows Vista时，数量庞大的开发工作集中在让它变得安全上。微软将Vista宣传为有史以来最安全的系统。然而，在2007年，也就是Vista发布的第一个完整年度，仍然有36个仅仅是针对Vista系统本身的公开软件漏洞被发布出来。当然，这个成绩已经比Windows XP发布12个月之后发现的安全漏洞数量好多了，当时是有119个（而且不是所有问题都在当年得到修复）。但Windows XP并没有受益于微软在软件安全方面的投资，Vista虽受益于10亿美元的安全方面的投入，但发布第一年发现的安全漏洞数量也仅减少了70%。

这似乎是一场无法取得胜利的战争。假设微软在这个问题上没有采取措施，而Vista发布第一年的安全漏洞数量是XP的两倍。那么其实不是花10亿美元来做安全的全面提升，而是为预期的238个漏洞投入100万美元，有了这笔资金就能够尽快修复每个问题并且发布补丁。大多数的投资用于赶上开发进度，或者可能只是被分配了而并没有真正支出。无论如何，我们假设微软花掉了这100万美元，那也不到实际花费的1/4。

再次重申，我认为微软所投入的资金是有意义的，因为XP糟糕的安全问题已经给它造成了实际的品牌声誉问题。但是，如果你是其他公司（呃，除了大型金融公司或者政府机构之外），全面解决问题的花费要远远高于有人发现问题再来修复的支出，而且其他公司也不大可能面临品牌声誉的风险。

以苹果为例。人们也经常在它的产品中发现安全漏洞，还常常一次发现好几个的。而尽管安全行业都知道这一点，但大众就是认为苹果的平台更加安全。

软件中的安全问题是在预料之中的事情。顾客对此不再是大惊小怪。安全问题造成的品牌声誉受损主要是针对那些大公司或者是安全产品厂商而言。

期待软件行业在安全方面做得更好当然是情理之中的事情，但这个要求只在具备性价比较高的解决方案时才成立，需要有简易的办法来衡量软件如何才可以被称为是安全的以及是否符合安全的标准。我们距离这个目标仍然非常遥远，而且即使我们实现了目标，可以预见软件中还是会有许多的安全问题。

第29章

预算内的应用程序安全

本章是与戴维·科菲（David Coffey）共同写作的，他是迈克菲公司的SiteAdvisor和产品安全的总监。

在一些诸如微软和甲骨文这样的大公司的产品中有很多安全问题，以至于它们在应用程序安全方面投入巨资。比如，我们两人经常听说自从2001年开始微软已经在这一问题上投入了20亿美元。

大多数公司没有那么幸运（或者，我们应该说不幸？）。讨论预算很难，因为在大多数情况下，产品安全活动的价值很难评估。以下是一些促使人们在安全上投入时间和资源最重要的因素：

符合标准

某些标准，例如PCI（由Visa公司维护的支付卡行业标准），确实要求产品具备某些安全功能以符合标准。同样，某些客户，尤其是美国政府的一些机构，可能会提出需求，要求软件安全工作由第三方审核机构来完成。

品牌

坦率地讲，软件用户对安全漏洞并不敏感。大多数公司都能在不引起公众注意的情况下处理很多安全漏洞。但微软、甲骨文和大型安全公司是例外，它们并不是同样的情况。

客户需求

有时顾客的确提出安全方面的要求，尤其是安全功能。比如，顾客可能偶尔要求在应用程序中加入SSL支持。

功能对等性

如果别的产品具备SSL这样的功能，竞争对手的产品也会经常迅速开发出类似的功能。通常这是由功能驱动的，但如果某个产品从外部审核机构那里赢得了很多市场奖励，它们的竞争对手可能也会在此方面投入。

节省开支的假设

我们曾经见过有些组织机构认为投入资金解决问题会带来积极的回报。比如，我们已经见过开发组织花钱进行培训，只是因为他们怀疑代码里有问题。

开发组织仅仅是为了让客户更加安全而在产品安全开发上投入资金并不是很常见。普遍的理念是，如果没有需求，为什么做它？有很多性价比高的事情需要投入时间去做，尤其是提供给客户他们实际想要的功能。

当客户或者通过某些遵约机制设置了一个要求，可以打赌绝大多数组织会想办法满足这个要求，而不是殚精竭虑地超越这个要求——除非你能证明后者代价更低、效果更好（这种情况是有可能的，如果你在项目刚开始的时候就投入资金开始安全功能的开发，而不是等其他代码都写好了再来添加安全功能）。

根据我们的经验，受到上面所述一个或者多个原因的驱动，软件开发公司会实际在产品安全上投入资金。或许是有人在产品中发现了缺陷而公司需要相应地修复，也可能是市场上所有其他竞争产品都使用了SSL，需要开发相同的功能以势均力敌。

我们的信念是如果一个公司正在为安全问题投入资金，那就值得尽最大努力保证用掉的钱能取得最好效果。通常，如果厂商尽力做好一个应用程序而不是等到问题爆发后再来查缺补漏，那么较少的资金投入就会获得更好的产品安全。

我们经常从软件开发组织中遇到问题的人们那里收到反馈，他们四处修修补补，希望自己能够做得更好，能够高于普通水平。他们问我们："如果没有什么钱能够投入，我能做什么？"

我们的回答是，这取决于他们是在开始一个新产品还是（如同通常的情况）在一个已有的产品上做积极的改进。

让我们从现有（传统）的产品开始。以下是我们推荐给有同样问题的人的回答：

尝试弄清楚已经在支出的资金

基本的想法是，如果你知道组织的支出情况，就可以通过以下说法争取更多的预算："我们能够让软件更安全而只需花费更少的钱。"我们会四处找到所有相应的团队，通过简短问答来估算一年中有多少小时花费在安全问题上。问答应该通过面对面的谈话或者打电话完成，否则你永远也找不到人来回答。而且，它必须简短。我们还认为如果可能的话，最好你能够通过外面的公司来完成这项工作，这就让分析变得更加客观。如果方法正确，这项活动在每个开发团队最多花费一到两个小时，再加上一点额外的时间来把数据录入表格。

试着防止公开安全漏洞的出现，不让坏蛋们轻易得手

既然大多数软件是闭源的，通常坏蛋们寻找漏洞的方法仅限于使用黑盒测试工具（即他们运行目标软件并给它传递坏数据，希望让软件运行出现异常错误。逆向工程是主要的替代方法，只是代价要高多了）。坏蛋们通常使用两种技巧。首先，他们运行网络漏洞扫描工具，这是公开出售的廉价商业软件。你自己也可以运行这些工具并修正它们发现的问题。坏蛋们做的第二件事情是模糊测试（fuzz testing），用随机数据（通常是结构化的）来替代正常输入至应用程序的真正数据。自己动手做这件事情的成本很容易分担，因为开发团队已经有质量保证(QA)的预算（为了讨论方便，我们把这部分钱换算成开发人员修正测试中发现的严重问题所需的时间），这些团队的衡量标准就是缺陷的数量和严重程度，而不是缺陷的类别（例如，安全或者非安全）。质量保证团队第一次检查这些指标时，缺陷统计经常集中在特别严重的问题上。而且，这些测试很容易自动化。在单个项目的范围内，我们已经发现分出1/5的质量保证资源在安全方面是相对容易的。从长远来看（经过充分的自动化并在大的问题修复后），所占比例下降到1/10。再次重申，如果你请得起外面的团队来做这件事，那就比你自己来培养这项技能的性价比要高多了。

如果外部人员发现了漏洞，迅速处理它们

当外部人员报告产品的安全漏洞时，他们通常希望将信息公之于众。如果没有好的流程（负责人对人们"威逼利诱"以保证自己优先对问题作出回应），内部反应会一团糟。在没有这种能力的团队中，经常有研究人员在漏洞修复之前站出来面对公众，只是因为某个厂商掉了链子。这常常以付出更大的代价收场，因为你仍然还得做与之前一样的事情来修正问题，很有可能还要花更多的时间来处理客户关系，因为他

们想要知道风险的程度和你们公司的应对措施。我们已经发现，在没有流程的中小型组织中，其开发团队通常至少要花费价值2万美元的人力资源劳动时间在这上面。这还不包括任何客户支持的支出。根据我们的经验，如果你采取结构性方法，总体费用会下降一半左右（客户支持能比开发节省更多，但开发仍然可以省下来几个小时）。记着，这笔费用是那种如果产生问题无论如何都要支付的——问题就在于你如何有效地管理这笔支出。

培养热心于安全的人士

开发成员中很少有人会关心安全。对于那些表现出任何一点热情的人（但每个产品不能有多于1人，每4个产品不能有多于1个质量控制人员），我们认为值得让这个人来领导与安全功能有关的研究并推荐解决方案。如果你挑选了自学能力强的人并让他们承担责任，你也许会从他们那里获得意想不到的成果。

在开发团队中采用增强安全风格的工具

通过将源代码版本控制系统与RATS(*http://www.fortify.com/securityreSources/rats.jsp*)或者是Flawfinder(*http://www.dwheeler.com/flawfinder/*)这样的工具结合起来，你能很容易地确保新代码中不包含"危险的结构体"。这只需要一到两天的工作量就可以完成。我们建议禁止程序员改变这些工具的设置，因为有些人反对审核他们的代码。开发人员很快就会分担这些成本，因为他们会修正任何出现的问题，就跟他们的编程环境报出的其他警告一样。而且，他们会很快学习并改变他们的习惯，让你使用的安全检查工具不再报出信息!

对于绿地（greenfield, 从零开始）开发，真的不需要做团队分析。相反，对于这类开发唯一最重要的事情是做架构风险分析（architectural risk analysis）。如果你能保证你的程序在设计时考

虑了安全因素，安全的长期成本可能就会很低。某些训练有素的
第三方机构可以在几周之内为你做这种审核，仅需花费2万美元。
如果这个流程能够帮助你哪怕只去除一个坏蛋们可能会利用的设
计缺陷，这笔钱花得也值了。而且，如果不经过类似这样的流
程，大多数商业产品最终会在加密中存在很明显的缺陷，即使它
们使用了SSL。

对于我们的清单中的其余条目，我们推荐针对绿地开发做同样的
事情。

对于两种类型的开发（绿地和传统），如果你有上级的支持并且
能有一些自由支配的奖金，我们也推荐做下列事情：

衡量你的进度

    如果你知道已经花了多少钱，这对表明你是否真正地省了钱
尤其有用。而且你应该总是能够汇报你所取得的进展。与上
次相比，这次为了应对外部人员发现的缺陷你花费了多少？
你支出的每一美元发现了多少安全缺陷？当你开始做这件事
情时，你想要通过跟有代表性的外部组织相比来知道你做得
有多好。当数字开始迅速上升时，就可能是停止花钱来寻找
缺陷的时候到了。

培训对安全热心的人员

    这些人通常积极学习并且会寻找应用他们的知识的途径，即
使在继续完成他们现有的职责时。

还有几个其他人会推荐但我们认为不应该成为最高优先的事情：

代码审核

    我们认为，这不是发现缺陷的性价比最高的方法，即使你付
钱购买了工具。它不仅代价高昂，而且你通过代码审核发现

的缺陷跟坏蛋们将来发现的不会是同一个。结果，即使你发现了很多缺陷，却很难显示出一次审核的价值，因为你没能发现坏蛋轻易就能发现的缺陷。再次强调，这通常会很贵。商业供应商可能为每行代码要价50美分或者更多。

对于自主开发，即使你有技能高超的员工（得到这样的员工极其困难，不管你是去外面招聘还是自己培养），要写出高质量代码并把每行代码的成本控制在10美分以下都是很困难的。我们预计一个年薪为6万美元的出色初级审核人员，在第三方工具的协助下，每个季度能够审阅40万行代码。通常，这个过程会发现数量庞大的代码缺陷，然后是付出很大代价来确定它们的优先级，确定哪些是要修复的，然后才去做所有这些工作。

记住，除非你想花掉更多的钱，否则通常很难分辨你是正在发现坏蛋们将会利用的缺陷还是只是些通常的老问题。大多数公司将会发现这样的模式性价比极高，即只完成质量保证测试然后再根据外界的反馈来修复其他缺陷。

开发团队培训

如果你考虑到直接成本和损失的生产力的话，通常让一个开发人员参加培训的花费是1 000美元。已经充分证明培训课程中课堂讲述的东西（不安排实验）只有一半能被记住，而且是在课程结束之后的很短时间内。我们已经发现大多数开发人员不关心安全问题，而且认为即使是基本的软件安全内容也"非常复杂"（这是有可能的）。所以，课堂内容被记住的比率可能比这还要低。我们已经看到有些数据表明，平均而言，开发人员在安全编程培训的半年后会忘记90%的内容。我们认为这些数字大致是正确的。这样做并不值得。只需要培训那些对学习真正感到兴奋的人——他们可能是唯一无论如何都能为你出色完成任务的人！

你还可以考虑其他措施，特别是当你开始处理复杂的开发事务时。这些附加措施中的一部分可能会很重要，根据所处环境而定。比如，开发团队可能会选择使用特别的安全技术，而选择、学习并使用这些技术都有成本。

注意，尽管代码审核和培训虽然在我们的清单中垫底，但我们仍然认为它们是有价值的，而且在迈克菲公司有充足的预算来完成（并且完成得很好）这两项工作。我们只是认为其他的措施让投入的资金产生更多的回报。但如果你的首要动机是出售给政府部门而它要求你通过某个代码审核，那么代码审核显然就会成为你的清单中的头等大事。我们的清单只是基于何种做法具有最高性价比。

我们经常被问到的一个问题是："一个组织应该在产品安全上花多少钱？"我们认为即使在一个较紧的预算基础上，这也绝对是可以做的。我们见过大中型软件开发公司（即年收入上亿美元的公司）往往在产品安全上做得不错，哪怕它们在这方面的预算只有每年工程预算的0.25%（做得差的公司通常是根本就没有预算）。金融机构和政府的软件开发部门的预算可能要比这个多。关注这个问题的小型公司通常投入5%到10%的预算。

在非常小型的公司中（比如，那些年收入很少或者刚刚成立开始赚钱的公司）资源受到高度关注。所以，如果你要花钱的话，对于绿地开发，我们推荐数额小、费用固定的投资用于第三方的架构设计帮助。否则，就等事情发生再处理。

我们认为行业需要让开发团队申请经费更容易。要证明预防性工作的价值是非常困难的。真的应该把你的支出和成果与其他团队成员的作比较。

我们认为政府机构比如美国政府（或者其他负责兼容性法规的组

织）应该坚持要求那些想获得政府许可（加入政府采购或者PCI认证）的公司应该提供它们的安全编程实践数据，并免费提供数据的聚合以及发布。不显示特定公司的数据，但作为一个群体，各家公司应该有一个尺度来衡量它们各自的活动。

特别是当数据横跨了整个行业之后，出于符合标准的目的来看如何规范各个行业就变得非常容易。这个建议要比强制进行第三方代码审核温和很多，而且最终将对世界更有价值。

第30章

"负责任地公布"
就是不负责任

最近我觉得很好笑，因为两个我所尊敬的人在安全漏洞公布的问题上争执起来，而且很快就发展到互相指名道姓的地步。观看口水大战总是很有趣（还没人被比做希特勒，但已有一个人被比作衰迈的老辛普森爷爷^{译注1}，倒穿裤子走来走去）。

但是在某种程度上，这两个人讲的事情似乎并不矛盾。一个人说完全公布（指的是无论如何别人软件里的漏洞最终都会被公之于众）让最终用户身处危险之中，而另一个人则说找到并修复缺陷是保证代码安全的一个重要部分。

他们两个人的观点我恰巧都同意。是的，如果我们不让好人发现

译注1　卡通人物，出自美国动画片《辛普森一家》。

并修正代码中的问题，就会让坏蛋在夺取世界的征程中发现并利用这些问题来制造更多的麻烦。这一点尤其关键，因为很多开发团队根本不在修正问题上投资，因为没什么好的动力（而且做这项工作的人才也不足）。

但是，坏蛋们利用的大部分软件问题都是由好人们发现并且公布的。

如果我们要在这两种观点中作选择，好像我们只能要么生活在隐藏所有安全问题但面临坏蛋们轻易就发现这些问题的危险的世界中，要么生活在好人递给坏蛋一幅地图来指导他们为了钱该如何作恶的世界中。

在"保守秘密"的模式中，人们是怎样受到保护的？首先，我们可以希望坏人没有源代码将会很难发现安全问题。其次，我们可以希望软件厂商会在第一时间排除代码中的安全问题。最后，我们可以希望当坏蛋们在现实世界中利用软件中的安全问题时，情况会被迅速反馈到厂商那里而且厂商想要保护大家。

在"让一切亮相"的模式中，软件中的安全缺陷被公之于众。通常，厂商提前几个月收到通知，所以我们不得不希望人们及时安装补丁以受到保护。

在现实中，这两种模式都有各自的优点，但仍然相当愚蠢，因为它们让大家容易受到攻击。

在"让一切亮相"的模式中，坏蛋会利用大多数人不会让自己的软件保持更新的事实。接着他们就会获取好人们发现的缺陷并利用它们来攻击没有打补丁的系统。这就把安全的重担放在了最终用户身上。而且，因为每年公布的安全问题数以千计（通常在重要的软件中），人们时刻处于危险当中。坏蛋试图在人们安装补丁程序前迅速利用缺陷,而且由于那些好人们发现漏洞,他们觉得很快就有更多的漏洞可以利用。

在"保守秘密"的模式中,当厂商被作为目标攻击时,经常无法发现漏洞。而且,因为人们没有听到过特定的安全问题,就很难给厂商压力让他们花钱解决问题。在这个世界上,有很多的安全问题存在着(却没有很多投资来发现并解决这些问题),然而坏蛋不得不做很多技术工作来发现他们可以利用的问题,所以他们不太可能通过安全问题来盈利。他们要么需要花费很多资金来找到可以利用的软件漏洞,要么会坚守现有的漏洞并将它们只用于特定目标的攻击。

你或许会说第一种情景看起来更好,因为我们应该依靠人们自己来保证系统更新到最新状态。然而,我们知道即使是在这方面受过良好教育的人们经常也不及时为系统安装补丁。这就是一个我们必须面对的现实。而且这是很合理的一件事——原因如下:

- 在安装之前,用户可能想要确保更新是稳定的。没人喜欢重要程序无法正常运行的情况发生。

- 用户可能没有获得更新的授权,因为他或她正在用的软件版本太老旧以至于厂商不再支持,而用户又不愿掏钱买新的版本。

- 更新是否针对安全并不明确。当然,有些极客认为任何更新都会去除安全问题(尽管新的更新有很多新代码,可能实际上有更多的安全问题而不是更少)。大多数人并没有"总是打补丁"的思想。

- 风险被低估。即使是我自己也是拖上几天而不是立刻安装苹果的OS X安全更新,因为我觉得自己的活动没有任何危险,而且我的机器也被其他措施保护着〔比如,NAT(网址翻译程序，身处路由器的后方）〕。当然，我认识到还是有一些危险的（比如一个恶意广告，这也是为什么我通常在网络浏览器发现安全问题后会立刻升级）。不论对错，普遍而言人们在互联网上感到相当安全（如果不是这样，那应该会对更多更好的安全防御产品有更大的需求）。

比较和对照这两"边"的误区在于假定它们都只有唯一选择。事实上并非如此。"保守秘密"模式是10～15年前的世界，而"让一切亮相"模式是如今的世界。但我设想一个更好的世界。

为了想出我们应该把什么做得更好，回顾漏洞披露的历史（从一个非常高的层次）以及看到它的失败之处在什么地方，你会发现这是很有益处的。

回顾20世纪90年代早期，并没有太多人关心他们的软件里是不是有安全漏洞，这主要是因为没什么人上网。有些人在工作场所使用本地Windows网络，但很少有人担心电子化的内部威胁，因为与之相比有更多的直接方法可以攻破一个网络。

然而，研究者们开始思考软件可能会有安全漏洞，而且那些漏洞可能会有灾难性后果，尤其是如果环境合适，坏蛋们能够从世界的另一端控制一台计算机，远程运行任何他们想运行的代码。

那时，研究者们通常都很无私，还没有太多的经济因素使得他们追逐自身利益而不是让多数人受益。他们不想让坏蛋们利用这些缺陷，所以他们往往与软件厂商联系并告知发现的问题以及如何修正。

大多数公司直接忽略了人们报告的这些安全缺陷，或者迟疑不决地行动，许诺根本不会到来的修正。公司并不是无私的。当然，他们的确想让客户安全，但不想支付费用来研究并解决问题（很多安全研究者很大程度上低估了安全问题对开发费用的冲击）。从公司的观点来看，客户没有要求安全。而且他们并没有看到有多大的危险，因为好人们是唯一了解问题所在的人。当然，坏蛋们或许发现一个问题，但直到有证据表明他们已经发现了漏洞，在此之前什么也不做似乎是合理的。很多人猜想坏蛋们绝不会去查找，或者假如他们的确去查找了，他们也可能不会发现同一个特定问题（这是个有趣的问题，现在我还不想深入讨论）。

好人不会把人们留在危险当中，所以1993年年底，一些人决定尝试强迫厂商采取正确的行动，威胁他们如果不修正那些问题的话，就要向全世界公布他们的问题。

这个方法实际上奏效了。公开有助于建立公众对此问题的认知。特别是，公布微软产品中的漏洞引起了一些技术记者的注意，他们不仅向微软施加压力去修复缺陷，而且由于大量的安全问题最终让微软获得了安全方面的坏名声。

这并不是说一切都进行得很顺利。有些厂商觉得被敲诈勒索了，相信公布缺陷让他们的客户处境危险。当在厂商修正缺陷问题并且把补丁分发到客户手中之前公布漏洞时，这一点尤其明显。

结果，漏洞研究社区的大多数人最终认为"完全公布"可能不是正确的做法。他们转向"负责任地公布"。这个词对于不同的人可能意味着稍微不同的事情，但一般而言它意味着厂商会事先获得一个问题的通知，然后用2～3个月的时间来修正问题并且把补丁交付给客户。

这听起来比较合理，但也有几个问题：

- 尽管60天或者90天对于一个安全漏洞研究人员甚至一些开发人员而言似乎是很长的时间，但对于那些从事商业的人而言，他们着眼于所有与把软件交付给客户有关的事情，这通常可能是很短的时间。

- 就算厂商可以在90天内完成任务，也没有理由认为消费者也都会在这个时间段内升级。

- 如果厂商实际上修正了这些问题，那还有什么见鬼的理由要把它告诉全世界呢？

我们来看最后一点的更多细节。支持公布的人会说，如果问题没被公开，很少有人会打补丁，因为他们不知道自己身处危险之中，但坏蛋们可能查看被改变的内容并据此推测补丁解决的是什么安全漏洞。支持不公开的人会说，对于打补丁的人而言，公布问题增加了缺陷被利用的可能性，因为坏蛋们被确定地告知补丁修正了问题，而且透彻地了解了问题到底是什么。通过将安全补丁与很多跟安全无关的代码更新放在一起通过一个正常的软件发布，在问题被悄悄地修正时，坏蛋们不会非常清楚到底有什么东西出错了。

而且，即使缺陷公布了，普通消费者也很少会留心安全风险（那基本上需要以报纸或者类似的媒体报道）。而且，非常熟悉信息技术的人应该已经假定每个补丁可能都潜在地包含了安全修复。

最终，这个问题概括为："公布缺陷对坏蛋们有多少帮助？"回答是："不计其数！"在最近的全球互联网威胁报告中，赛门铁克报道它在2007年中已经检测到15个零日漏洞，也就意味着有15个安全漏洞在被公布给公众之前已经在网络中被利用了。但根据计算机紧急响应小组（Computer Emergency Response Team）的数据，2007年至少发现了7，326个漏洞。

我还没见过公开的数字被发表，但是利用安全缺陷（轻松就在95%以上）的数量众多的恶意软件就是利用公开信息的漏洞。

当然，那并不意味着没人手里有没被公开的安全漏洞。我知道很多人就有，包括美国政府在内。但坏蛋们通常非常谨慎地利用这些安全缺陷，希望尽最大可能保持他们的武器的有效性。

最终，如果一旦厂商修正了问题我们就停止公开问题的信息，坏蛋还是可以自己找出更多的漏洞，但我们可以让坏蛋为此付出高昂的代价，而不是轻易获得这些信息。

我已见到的所有证据都表明，如果一个厂商打算修正问题，公开问题信息对于普通软件用户而言就是一件坏事。那么，为什么它还是会发生呢？

简单的回答就是安全漏洞研究者想要名声、财富以及荣誉。这个社区的经济利益不再与最终用户的利益一致。个人研究者们想要出名以便挣更多的钱。他们也能出售漏洞信息。正当合法的公司，比如TippingPoint，会购买这些信息。然后，这样的公司会向全世界公布这些漏洞。这样做让他们吸引了安全社区的注意力，所以这是一个高效的市场宣传策略。另外，通过购买漏洞信息，他们就能够在发布漏洞信息之前为自己的客户提供保护措施，而其他厂商通常只能等到漏洞信息发布之后才能给客户提供保护。购买了漏洞信息的厂商就能够声称他们更快地在更大范围内保护客户，因为它能发现问题并在问题被公布之前保护自己的客户。所以，像这样的公司为了对自己进行市场推广而让大家的安全变得更薄弱了。

公布信息的目的不就是为了迫使厂商修复他们的软件从而让人们更加安全吗？微软使出浑身解数尽快修正问题，然而人们却坚持要把王国的钥匙拱手让给坏蛋们。作为一个行业，我们绝对失去了判断轻重缓急的远见。

我认为这个行业应该改变现有漏洞发布方式，并遵守以下新的实践方法，我称之为"智能公布"：

1. 当好人在产品中发现了一个安全漏洞，他通过标准方法联系厂商（通常就是通过向该厂商的特定安全问题联系邮箱 *security@damainname.com* 发送邮件）。

2. 发现者给厂商30个工作日的时间，以让他们确认问题并且制定一个将来的行动计划表。如果在厂商确认问题的过程中有任何需要，发现者会提供相应的支持。

3. 双方同意的计划表应当包含最起码的日期信息，说明在什么时候会实施漏洞的修复、什么时候修复会被充分测试以及什么时候修复可以发送给用户。除非厂商能够合理地为他们的工作量和优先级提供说明，否则修复和测试的时间不应该多于90天。

4. 各方应该在问题发现的第一个月内每周通报解决进展，之后每月至少应该一次。

5. 如果下一个计划好的产品版本发布安排在漏洞确认之日起4到12个月以后，厂商应该允许把修复放入该产品的新版本中发布。

6. 如果下一个计划好的产品版本在4个月以内发布，厂商应该将修复放入后续产品版本中，只要在即将发布版本的发布日期之后10个月以内都可以。

7. 如果没有任何计划中的产品版本发布，厂商应该在6个月的时间内发布一个新版本。

8. 如果厂商在漏洞被发现之后的30天内没有提供任何修复计划表（有明确的修复时间期限），发现者应该给出两星期的通知时间，如果厂商仍然不提供任何合理的计划表，发现者就可以自由公布所发现的问题。

9. 如果厂商没有很强的信心来处理问题，而且如果计划表的任何部分拖延达到60天，发现者应该给厂商两星期的时间来完成已经延期的任务。如果该任务不能在这两星期内完成，发现者就可以自由公布所发现的问题。

10. 如果安全漏洞被利用得已失去控制，厂商必须向公众确认问题并提供修复计划。

11. 在漏洞发现后的前18个月中，厂商对信息公布的要求应该得到尊重。如果厂商希望信息与补丁程序一起发布，应该得到认可。如果厂商希望漏洞不要被公布，也应该得到认可。如果厂商的确同意公布相关信息，就必须在公布的同时确认问题发现者所做的贡献。

12. 在修复全面发布的18个月之后，缺陷发现者可以公开地发布问题信息。厂商这时必须认可发现者的贡献。通常这是在向用户发布安全漏洞指导时提到的。

这些指导方针的主旨围绕着计划安排和沟通展开。我已经发现大部分安全漏洞研究人员并不理解大型软件公司的运营方式，所以对修复的发布时间和方式有不合理的期望。同时我也发现大多数软件厂商对安全领域一无所知，而且也不知道如何让安全研究人员高兴，所以发现者应该能够参考"智能公布"，软件厂商也能够明白别人的期望是什么。

在以上"智能公布"指导方针中，最后两条到目前为止是最为关键的。我把最后一条列在那里，是因为我意识到漏洞发现者在做一件很好的事情，即使他们这样做的首要原因是为了公众。我们仍然需要把市场宣传作为一个经济上的动力，我们要让升级软件就能得到安全保护足以成为人们相信的事情。当人们所运行的软件已经超过一年没有进行更新时，我们应该鼓励软件厂商给出安全告警。

对于那些狂热鼓吹"负责任地公布"的人，他们对我的逻辑可能会有以下几点反对意见：

很多像微软这样的公司都支持负责任地公布

> 如今的安全行业，作为一种文化，已经理所当然地接受"负责任地公布"就是好的这一观念。有些人对此观念存在争议，但在整体上，人们似乎认为既然这样做要比不公布好，它就是正确的。但当你站在安全社区的外部来看这个问题时，你真的认为产品经理们对公布会很高兴吗？它在把产品用户置身危险的同时，还伤害了产品和公司的声誉。他们或许不会大声地抱怨，因为害怕被媒体称为"不关心安全"而出丑。无论如何我认为它都跟公司想什么没有直接关系……

当问题发现时公司难道不应该让他们的用户知道吗，哪怕等到补丁程序发布时？

> 作为一个行业，我们已经认识到软件都有安全问题。即使你已经去除了人们能够发现的所有问题，可能还有更多的问题没被发现。只要问题没有落到坏蛋的手中，不让用户知道特定的问题似乎最符合用户的利益，因为如果用户不知道，坏蛋发现此问题的概率就更小。

但坏蛋们难道不是对你的补丁程序进行逆向工程后才发现安全漏洞的内容吗？

> 如果安全修复合在一个实际的版本中被发布，这个版本中会有无数其他更改，通常逆向工程是无法生效的。注意，对于那些在内部审核中被发现的安全缺陷，软件行业一贯都是这样处理的。他们毫不声张地修正他们知道的问题，所以有关

这些安全漏洞的信息公布是非常罕见的（但这偶然也会发生——根据我的经验，100个修正好的安全问题中有1个都不到，而且还差不多是在漏洞的补丁程序发布的几年之后信息才被公布）。现在，如果某个版本被明确为一个安全增强版本，坏蛋会对它进行逆向工程并找出安全问题的信息。这些问题并不会被数千个不相关的代码变更所遮蔽。这就意味着如果微软保持它的"补丁星期二"传统（它选择每个月的一天发布微软产品的安全修复，通常在星期二），这绝对会不断地公布漏洞的信息。

如果我们只是概括地从总体上公布信息，并不泄露足以重构问题的细节会怎样？

如果你跟人们说那儿有个问题并且给他们一个大致的方向去寻找，那你已经帮他们节省了一笔巨额资金。看看去年在丹·康明斯基(Dan Kaminsky)发现DNS的一个主要问题时所发生的事情。一旦康明斯基确认问题存在并试图让人们在信息公布之前安装补丁程序，一小部分安全漏洞研究人员就立即开始着手研究并重新发现了问题，并且在他们的博客上发布了相关内容。坏蛋们也即刻着手研究并得到了相同的成果。

在我认为智能公布是应采取的正确方式的同时，我也认为我们今天所拥有的文化是相当根深蒂固并且难以改变的。尤其是我不指望微软会停止"补丁星期二"。首先，推迟从发现的漏洞中获得名声并不符合安全漏洞研究社区的经济利益，所以即使它伤害到最终用户，他们也不大可能支持任何改进意见。因为漏洞研究社区会热心支持安全社区以及其他团体，如果微软尝试从每月发布补丁的模式转向实行智能公布，就会给人倒退的感觉。安全漏洞研究者就会试着把微软刻画为不关心安全，哪怕微软所做的事情其实最大化地保护了客户利益。我肯定即使在微软内部也有很多人如此地把今天的安全文化教条化，以至于他们也不会同意改变补丁星期二的方式。

所以，我其实并不指望改变什么事情。我希望它能改变，而且想看到政府立法让安全信息公布活动规范化，以符合民众的最大利益，诸如此类。然而，我的确想向那些还没有深陷于如今的安全行业文化中的人强调，这个行业正在对你进行巨大的伤害。尤其是很多公司发现漏洞可以被用来对它们自己的安全产品进行市场推广（名单上甚至包括了IBM这样的公司），它们为坏蛋们提供了充足的弹药，把世界变得更加不安全。

第31章

中间人攻击是传说吗？

大约7年前，我认识的某个人向我证明，我能免费获得很多任何我想要的软件，只要它是通过贝宝（PayPal）销售。坏蛋所需要做的，只是复制销售软件的网页然后修改上面的价格信息。接着，当坏蛋点击他自己复制的恶意页面时就会转到贝宝。如果厂商没有使用某个特定的贝宝系统（该系统让贝宝通过SSL连接到商家以确认交易），那么贝宝就会信任这个价格是真实的。

我不知道现在的情况如何，但在当时没人真的使用这个系统。而且即使他们用了，也没有多大区别，除非你是一个非常精通加密学的极客，通常情况下你会使用贝宝的示例代码来在网页上添加待售物品。而且，我注意到贝宝的代码没有展示如何正确地加密SSL连接。如果你跟随贝宝的思路，最终就容易导致连接受到中间人（man-in-the-middle）攻击（稍后我会向不知道这个术语的人简要解释）。我向麦克斯·列维卿（Max Levchin）指出过这个问题，他是贝宝的创始人和首席技术官（那时是）。他似乎并不相信这是个真正的问题，而且肯定认为它并不重要，因为他的商户中没人关心安全问题。实际上，用商户的冷淡作为回应其实很公平。

然后那个最初联系我的人决定让媒体对这件事情进行报道，《连线(Wired)》杂志的一名记者很快就联系到我并询问我的看法。我把知道的事情告诉了他，然后他就写了一篇关于这件事情的文章。列维卿的话也被这篇文章引用，在文章中他宣称能够对贝宝的底层支付协议进行中间人攻击是"几乎不可能的"，重申了他认为这样的攻击并不现实的观点。这引述自文章中称为"加密专家"的某个人。如果某人对中间人攻击的真实可行性抱持完全不现实的观点，那我根本不认为此人是一位真正的专家。

简单地说，什么是中间人攻击？比方说，你要用加密技术将你的计算机连接到某台服务器。如果双方都不仔细地检查对方的身份，他们可能最终在互相通信，却不是直接进行的。攻击者可能会处在中间位置，中转（也可能修改或者丢弃）消息。每个人仍然在使用加密方式进行交谈，只是合法的参与者都假设他们只与对方交谈，但他们没有检查这一点并加以确认。

列维卿似乎相信中间人攻击只有理论意义，因为攻击者为了介入到你和你的目的地服务器之间，就必须迫溯到你的互联网服务提供商（ISP）或者某些路由主干节点上。列维卿相信互联网服务提供商们一般都会通过限制能以管理员权限访问路由器的人数来非常安全地保护他们的路由器。路由器上有大量的网络流量通过，但列维卿认为只有管理员的流量会把最终用户置于危险当中。虽然思科路由器的IOS操作系统有很多安全问题（而且当时很多问题还是众所周知的），我的确同意这个观点。攻击者们通常不愿意攻入路由器，因为这样做很容易会对路由器性能造成引人注意的影响。如果你是一个攻击者，即使手中有一个零日的IOS漏洞，我猜也会有其他更多性价比高的事情让你掉头走开去花时间做传说。我想大多数人都明白这一点，而且我已经遇到很多人用这种想当然的智慧来得出结论，即中间人攻击基本上就是一个传说，对此他们在实践中的确毫不担心。

错了！很明显，使用一种称为ARP定位的技术，真的很容易发动中间人攻击。略过技术细节，简而言之，坏蛋可以使用ARP定位来欺骗局域网中的机器让它们认为他的机器是局域网关，也就意味着所有的用户发送自己的网络流量至坏蛋的机器来连接互联网。有大量现成的工具可以用来非常容易地发动这些攻击，例如DSniff、ettercap和Cain&Abel。

坏蛋所需要的只是在某人的局域网中有一个立足之地。如果你隔壁办公室伙计的计算机被感染了并且变成了僵尸网络的一个节点，你可能也处于同一网络中，所以某个坏蛋就可以针对你发动中间人攻击，这完全没问题。互为邻居的家庭用户通常在同一个局域网中。所以，如果你在家中进行一笔eBay的业务并且直接从贝宝的网站使用"即时付款通知（IPN）"[译注1]代码，就会很容易让坏蛋利用邻居的机器来攻击你。

你从贝宝那里拿过来的代码会尝试连接到贝宝服务器，但攻击者会解释连接请求并且返回"是"作为响应，不管交易是什么。坏蛋可能接着就宣称他已经付钱给你了，但其实钱并不在账户中。

我并不确定是不是人们已经把使用贝宝的商户作为攻击目标。那绝对有可能。但在现实当中我确实知道坏蛋们会发起中间人攻击，并利用它来嗅探到发送给邮件服务器、即时通信（IM）服务器以及诸如此类的明文密码。他们有时甚至会攻击SSL会话并且从

译注1　即时付款通知（IPN)的全称为"Instant Payment Notification"。

传输中暴力破解出密码和信用卡信息。这些事情都会发生并把你置于险境，哪怕你的计算机并没有任何病毒感染。

ARP定位攻击可以被探查到，思科和其他厂商的高端硬件几年之前就具备这个探查的功能了。这可能就是互联网服务提供商立刻就可以有效利用的东西，但这个功能需要慢慢渗透到低端设备上去。而且即便如此，全球大部分地区用具备此功能的设备置换现有设备也需要很长时间。网络厂商们，请你们把这项功能带到所有的硬件上，越快越好！

一旦这项功能的普及成为现实，ARP定位攻击可能就会绝迹了。但即使我们摆脱了这个麻烦，实际上还有一类更加恶劣的中间人攻击问题。无线设备通常更易受到中间人攻击——比如，你走进一家咖啡店，然后把你的计算机连接上了无线热点。假设你每天都去那家店并且连接这个被习惯性命名为"CoffeeShop"的无线热点。你如何能够确切地知道当你上线时登录的是咖啡店的无线网络而不是某个坏蛋的？结果变成，如果这个坏蛋能够产生的无线网络信号比咖啡店的强很多，你就会看到他的网络，而不是真正咖啡店的。

类似地，如果一个坏蛋想要秘密监听一个加密的家庭无线网络，他只要能够设置一个同名的非加密网络，而用户可能不会注意其中的区别。而且，说起来你可能不相信，类似的攻击对于大多数移动电话也是可行的（虽然无线蜂窝攻击需要昂贵的设备）。

哎呀！你还能做什么来保护自己的无线连接呢？对于移动电话，攻击的价值并不太大。这样的攻击对于大多数人而言因为实施代价过高而不值得担心（因为这样一来普通人就绝少有机会可能身处危险之中）。但对于无线路由器的连接而言，你应该采取一些措施：当你连上一个无线路由器时，确保你所有的敏感数据在发出之前都经过了加密。

很不幸，要那样做的话可能难度不小。下面是一些应该牢记的事项：

- 如果你要在网站上输入个人数据，请确保浏览器地址栏旁边显示的加密连接状态的挂锁图标是扣上的，同时还要确保没有任何显示错误消息的窗口弹出。另外，在挂锁图标上点击一下，查看并确认网站的安全证书与该网站相符（居中的坏人可以给你发送他们伪造的网站）。

- 如果你正登录你的家庭网络（或者是一个你一直使用的网络），确保你的网络有密码保护。而且，每次在你连接网络的时候，确保你用加密方式连接。如果满足这些条件，你可能就没什么问题了（通常，你的计算机会保存无线网络密码）。

- 如果你在使用其他网络，除非你知道应用程序用加密方式在服务器端做安全验证，否则别使用它们。比如，很多人设置好了他们的电子邮箱，这种方式很容易遭受这样的攻击（而且坏人甚至很可能拿到这些人的邮箱密码）。类似地，几个流行的即时通信客户端程序也容易遭遇这样的问题。

目前，坏蛋们可以在一台被他们感染并获取有用密码的机器上发起中间人攻击，所有这些活动都是安全地从地球另一端的某家网络咖啡店发起的。

第32章

对PKI的攻击

大约3年前，我与一个朋友共进早餐，他正在谈论一个特别的应用产品，它声称能够透明地或者说悄悄地窃听所有SSL/TSL网络流量以进行检查。他问我这是怎么做到的？

在SSL/TLS协议中，客户端应该验证服务器的身份。服务器提供一份具备数字签名的证书，可能还有多个签名。客户端应该查看所有的签名并尝试追溯到一个可以信任的源头，这样它知道证书中所有条目都被验证了。时至今日，很多应用程序根本不进行这样的检查，而只是忽略了服务器证书。或者它们对证书所做的验证并不充分（比如，只是注意看VeriSign已经签署了该证书，却忽略了厂商的名字是否与预期相符）。

哦，你肯定可以窃听SSL/TSL网络流量，如果客户端被设置成通过一个代理服务器使用SSL/TSL的话。或者，你可以在所有的客户端机器上安装一个根证书，欺骗它们误信伪造的服务器。再或者，你还可以简单地把一个有效证书替换成你自制的证书，而大多数应用程序根本不会注意到其中的区别（尽管网络浏览器在第一时间看到这个证书时会用安全警告提示用户）。朋友提到的应用程序可能采用这些方法的其中一种。但令我吃惊的是还有另一种更具欺骗性的方法。

坏蛋玩的把戏就是自制一个证书认证机构（Certification Authrity, CA）并把它与主要层次结构绑定在一起——就是那些证书认证机构已经牢牢根植于公钥基础设施（Public Key Infrastructure, PKI）信任层次结构的顶层。证书认证机构是受到信任的权威机构，能够为网站签发数字安全证书，这样你的浏览器才能简单且安全地验证证书中的数据不是伪造的。

为了伪造她自己的证书认证机构，坏蛋可以去找其他证书认证机构，然后付一大笔钱来获得她自己的签名证书。她签署的这个证书将用她的签名认证。尽管她并不直接被其他客户端应用程序认识，但她的信用却由另外一个证书认证机构来签名认可，可能就是一个客户端应用程序熟知的机构。

通过自制证书认证机构并将其与主要信任层次结构像这样挂靠在一起，坏蛋能做什么呢？举个例子，让我们来看看如果一个客户端要浏览*www.citibank.com*[译注1]并且有攻击者处于中间的话会发生什么情况。攻击者可以为*www.citibank.com*生成自制证书，用她自己的证书认证机构完成证书签名，然后把这个证书发送给你。你的浏览器会验证它，一切看起来都很好，即使它不是合法的花旗银行证书，你也不会得到任何警告。

如果你有钱的话，弄一个自己的证书认证机构并不是那么难。如果坏蛋要这样做，可靠性是个大问题。她不想被抓住。要开始申请一个证书认证机构，坏蛋将会需要从一些小型证书认证机构的

译注1 美国花旗银行官方网站。

其中之一通过一个验证流程，这些机构能够为一个新证书认证机构放行，这（在理想情况下）就意味着坏蛋必须有个合法的身份做门面。而且她可能必须与人面谈。

无论如何那都不是一个不可逾越的障碍。假设我是某个邪恶的外国政府，想要用这种方式对美国进行间谍活动，或者是美国国家安全局（NSA）想要对某个邪恶的外国政府进行间谍活动，随你喜欢选一个场景。我就会通过一个中介来资助其他人来设立一个合法的证书认证机构，同时也要保持足够接近日常运作以便我能够得到一份签名证书的副本。我会安排某些表面看起来无可怀疑的傀儡以便在事情出错时脱身。与此对应，我可以在好几个国家都注册一个公司，公司主管是匿名的。我可以在那个国家短期营运一个合法的互联网服务提供机构，然后以此身份通过证书认证机构流程。

综上所述，发动这个攻击可能要花费15万美元。这笔钱对于一个政府或者计算机黑手党而言数目并不大。而且所有这些都基于假设那些有能力其他证书认证机构的证书认证机构会履行职责并认真地验证申请者的信息。在现实中，还有好机会进行更加容易的欺诈。

有什么能够阻止这种类型的攻击吗？你可以对你将要接受的证书或者打算信任的证书认证机构进行硬编码（明确写在软件中）。或者，你也可以指出一个证书中的每一个变化。也就是说，如果你以前访问过citibank.com而现在注意到它的证书认证机构有变化，你可以明确说出这一点。但坦率地讲，如果没有其他东西看起来不对的话，人们可能会仅仅把你给出的任何警告用鼠标一点了之。潜在的用户基数越大，人们在系统中进行欺诈的可能性就越大。我宁可看到更小、更加明确的会有更严格的审计要求的注册机构，就像大型金融机构用一个注册机构，然后是小型公司的众多本地注册机构，其他行业也可以采用类似的架构。或者，效果更好的是（可能也更加不可行），人们和商业机构相互之间可以直接建立信任关系。但这只是个白日梦——任何对我们建立信任的方式的重大改变可能都太大而不可能实际发生。

这就让互联网从根本上就失败了。

第33章

HTTPS傻透了，
干掉它！

几乎不可能找到一种部署SSL（以及它的继任者TLS）的方法来保证每个人都是真正安全的。SSL除了在提供安全错觉方面无可匹敌外，其他方面都还过得去。HTTPS（就是HTTP协议的一个变种，强制使用SSL）更差，因为它无法保护任何人。

首先，让我们看看使用SSL构建的应用程序。通过大部分应用程序编程接口(API)，你可以轻易地建立网络连接，只需要很少的代码，但这个连接并没有经过验证。你只是建立了连接，但你根本不知道你在跟谁交谈。服务器甚至更不知情。通常在连接完成后你做输入用户名和密码之类的登录动作，但这并不能保证没有中间人窃取秘密。

哦，或者你是一个更加聪明的开发者，你做证书验证。那很少

见，但的确是有。或者也许你在用一个应用程序编程接口来进行
某种证书验证。仍然有数不清的途径会伤到你自己。很多应用程
序查看服务器证书是否经过签名，但却不验证证书中的任何其他
信息。很多应用程序检查证书中的所有数据但却允许自签名证
书——喂，坏蛋会自己签署一个证书的。很多应用程序如果出错
的话，就给你选项去信任甚至切换到非加密状态，而人们总是怀
有侥幸心理，从不认为更糟的事情会发生在他们身上。

HTTPS的创造者们要聪明得多。HTTPS协议规定验证必须进行，而
且所有信息必须全部正确。听起来很棒！只有一个大问题：如果
证书无效时会发生什么？你得到一个可爱的弹出窗口看起来如图
33-1所示。

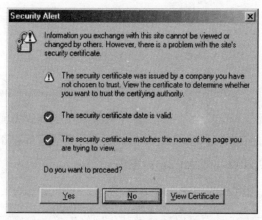

图33-1：当系统发现证书无效时，一个标准的安全弹出窗口被显示出来

想象一下你的母亲读到了这个。我母亲是位具有硕士学位的聪明
女士，而她可能认为这不过是个啰嗦不清的声明。大多数人不会
去点击"No"按钮，尤其是如果他们试着浏览一个网站而这个对
话框不停弹出的时候。人们不愿意背离他们的目标，而且他们通
常不会非常地大惊小怪，特别是当他们得到一大堆看不懂的对话
框，它们看起来很可怕但最终却什么也不会发生的话。

他们可能会点击"View Certificate"按钮，但他们真的知道自己在找什么吗？如果一个坏蛋想攻击花旗银行，他可能会自签名一个证书，其中包含所有跟花旗银行证书完全相同的数据，让它看起来就像花旗就是该证书的认证机构。

人们会查看证书中的数据，但即使对大多数经验丰富的人而言这些数据都似乎不会有任何可疑之处，因此大多数人最后就点击接受了事。

因为大多数时候你看到像这样的弹出窗口却没有什么攻击出现，所以这种情况特别明显。可能是你使用的一个在线网络应用愚蠢地使用了自签名证书。可能是你所使用的银行的运营团队没有恪尽职守，所以该银行的网银站点证书有效期已过（这个绝对存在）。可能是你的公司出于审计目的需要解密你所有的SSL连接，然后再重新加密，但这些做法是完全合法的。一个用户越精细，他就越可能在完全合法的情况下见识过这个对话框。

我很想进行一项调查，给美国中部的一些普通的父母那一辈的用户一项任务，具体地说就是测试他们的银行账户的可用性，然后再提供一个无效的证书。我想看看有多少人会实际地一路关闭警告窗口并最终登录。我愿意出一大笔钱来打赌这个数字肯定远远高于70%。

这是HTTPS协议一个绝对可怜的失败。失败之处就在于"依赖用户"。如果是我来设计这个协议的话，我会把它设计成如果任何证书中的信息无法验证就绝不允许连接。网站只是在一段时间内无法访问。如果一家银行如此健忘而坐视它的证书过期的话，那这家银行就应该在全世界面前下线。

这不是一个我们可以修补的问题。我们假设当一个HTTPS连接验证失败时火狐浏览器（Firefox）决定报告"该网站已下线"。会发生什么事？简单：人们会用其他浏览器来尝试连接，而因为不方便，不可避免地有些人就会切换去用其他浏览器。所以火狐绝对不会想做那样的事情。

坦率地说，即使我们推出了HTTPS2规范也基本是同一结局，也会失败，这没有关系。人们并没有太大的动力去把产品从HTTPS迁移到HTTPS2。

比如，如果你经营一家银行，除非监管机构要求银行必须转换到HTTPS2协议，否则转换就仅仅是增加了你的网站完全下线的风险。

我想HTTPS可能会被终结以让世界变得更美好，但那也需要额外的动力，也许是真正的网络钓鱼保护（加入这个并不是太难）。也许某天HTTPS会消亡，但我也不会为此感到惋惜。

第34章

CrAP-TCHA与易用性/安全性的折中

在过去几年中，大多数在线签名都涉及CAPTCHA技术，这可能是安全技术中最差的缩写了，代表着：*Completely Automated Public Turing test to tell Computers and Humans Apart*（全自动区分计算机和人类的图灵测试）。

可以理解，谷歌可能想要区分是真人注册账户还是某些自动化程序——为了能够发送垃圾邮件坏蛋们喜欢注册很多Gmail账户。

同理，我能理解为什么诸如Ticketmaster之类的票务代理会在任何购买之前要求确认你是一个真人。有谁会想要票贩子写程序来自动买很多票呢（哦，包括票务中介）？

但说真的，这些事情难道没有让生活变得可怕吗？我申请过一个Gmail账号，用来查看我女儿的博客并发表评论。每次我想要发表一个评论，点击"Submit"，就会得到一个带有CAPTCHA的弹出窗口，就像图34-1那样。

见鬼，我为什么必须要点击两次按钮（一次提交评论，另一次提交验证文字）？？！！而且输入图片上的文字简直难受极了。如果必须去看这样的一个图片，通常我根本就懒得费这个力气去评论一篇博客文章了（尽管我女儿的博客除外）。

图34-1：一个CAPTCHA弹出窗口

在这种情况下使用CAPTCHA背后的理由是防止坏蛋通过博客评论发布垃圾信息。但带来的好处真的能够抵消所有这些麻烦吗？

谷歌的CAPTCHA至少还容易辨认。Ticketmaster的就有点难以看清了（它使用了流行的reCAPTCHA软件包），如图34-2所示。

那串字母是"WQIV"还是"WQLV"？我不是百分之百地确定。而且，在"FM"之前，那是个连字符、一个点还是某个我可以忽略的东西？至少还有个"Try another"按钮，因为某些糟糕的CAPTCHA就是会让你一开始就看错。

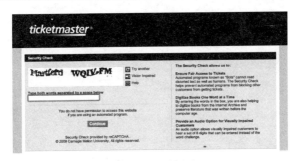

图34-2：Ticketmaster的CAPTCHA会很难看清

图34-3展示了一个特别糟糕的CAPTCHA例子（在zackfile.com上存档），它是在注册Gizmo VoIP（Voice over IP，通过IP数据包发送实现的语音业务）网络时提供的。

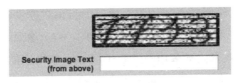

图34-3：Gizmo的几乎无法辨认的CAPTCHA

谢天谢地，Gizmo好像不再用这个了。但仍然有很多的CAPTCHA给出很难辨认的模糊字母。

模糊和扭曲的原因是为了避免字母被程序自动辨识出来。这就是CAPTCHA的真正问题之所在。很多现实中的系统，包括雅虎使用的那一个，早就已经"失效"，因此根本不需要一个真人来给出正确答案，至少在大多数时候是如此。见鬼，坏蛋们通常根本不管这么多，就算是自动辨识在10次中有1次命中，那也有很多垃圾评论消息了。

假设研究人员最终弄出了一个计算机无法辨识的CAPTCHA图形，那也没什么作用。坏人们马上可以只付很少的钱来雇人填写CAPTCHA。比如，看看图34-4所示的网站。

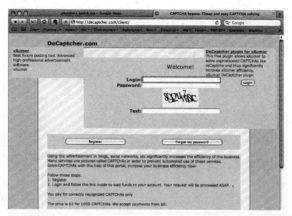

图34-4：DeCaptcher.com网站提供CAPTCHA破解服务，通过付费让其他人来为你填入CAPTCHA图片中的字符

好吧，所以这个网站真的很难看懂，而且请求提供破解CAPTCHA的服务还需要用到一个最难看懂的CAPTCHA。然而，你能仅仅支付某人2美元就可以破解1,000个CAPTCHA。如果你是一个票贩子并且又想用你的自动化工具买一堆东西的话，那可是很多票了。所有的CAPTCHA都会由像印度这样人工低廉的地方的人尽可能快地输进去。票贩子一旦设置好了自动购票程序，他就什么也不必做了。

如果这么轻易就绕过了CAPTCHA，基本上它们就没什么用了，对吧？那么，为什么我们必须忍受易用性的噩梦却没有什么好的理由呢？

从人们仍然使用CAPTCHA的事实来看，很清楚这么微不足道的一点门槛也比什么门槛都没有要好。巨头们如谷歌似乎相信如果没有CAPTCHA的话，坏蛋们会尝试发送大量的垃圾信息。从成本的角度来看，如果每个CAPTCHA一零点几便士的费用接近于原本因发送垃圾信息而获得的平均回报的话，那或许是对的。

而且，成本其实没必要成为限制。可能是坏蛋们没有足够的资源来破解CAPTCHA。也可能是垃圾邮件发送者会赚到足够多的钱，所以他们愿意支付钱来破解CAPTCHA，而且如果参加破解的人手增加100倍，就会有100倍的CAPTCHA被破解。这样，供给就会提高直到满足需求，而CAPTCHA还是会变得不能够有效地阻止垃圾信息发布者。无论何时如果破解一个CAPTCHA有利可图，那么就可以预料到它会被破解。

然而门槛仍然不是零。CAPTCHA确实增加了坏蛋的一些成本，这就意味着一些坏蛋会发现这件事情性价比不高，而如果没有CAPTCHA的话应该是性价比很高的。

CAPTCHA在防止不良信息方面的确有些价值，但对我而言，问题是它们对于大量的合法用户而言太过于烦扰。我们难道就不得不忍受降低用户体验来帮助纠正垃圾信息的问题吗？

或者有更好的其他选择可以达到防止垃圾信息的目的，然后我们就不必再看到CAPTCHA了？

哦，可能可以通过做一些网络分析来侦测自动化工具。通常，当大量的连接来自一小部分网络地址时就很容易侦测自动化工具，但也有潜在的可能性会很难侦测来自大量僵尸网络的自动化工具。

为了有点希望，人们必须查看具体网络连接是用来做什么的。比如，谷歌就必须在评论中进行垃圾信息侦测。通常，这样的侦测会非常昂贵（尽管谷歌的确在博客评论中搜索垃圾信息）。

这样的设计代价不菲。它肯定会更好一些，但我怀疑从经济的角度讲它没有太大的吸引力。

我可以接受这样的结果，但我很难接受的是厂商们采取忽略易用性的方式。正如我所说，每次我已经用自己的账号登录谷歌（不是匿名），在我女儿的博客上发表评论时，谷歌都让我输入一串CAPTCHA字符，这让我真的不想再用谷歌博客了。我觉得别人可能也有同感。

谷歌就不能至少只在创建新账号以及如果我发表太多评论时再用CAPTCHA来阻止我吗？这样看起来会好些，谷歌让它的顾客的生活没那么悲惨。

我希望看到CAPTCHA基本消失，如果我们为互联网添加更多的可靠性的话这是可以做到的。可靠性的一种类型就是身份证明服务。比如，VeriSign可以出售信用证明给网站，当你用SSL连接网站时，它就作为证书出现在你的浏览器中。假如VeriSign也发放个人身份证明会如何呢（事实上，它已经发放电子邮件证书了）？而且如果你允许这家公司保留验证过的个人信息和一个信用卡号码用来偶尔检查有效性，你就再也不必看到CAPTCHA了。如果你的账号被用于发布垃圾信息或者是被发现用于在购票时进行欺诈，你与VeriSign所签的协议就会让它来善后。在我想来，VeriSign应该没必要被允许从信用卡上收费。它只是必须要让VeriSign保留指认和起诉你的可能性。

这个系统也会是很好的单一登录机制。如果网站都与这个系统绑定的话，我就不必为每个新网站创建新账号了。

如果我们有这样的系统，大多数人就能自如生活而不必再看到另一个糟糕的CAPTCHA了。或者，如果你对易用性并不关心但比较关注你的个人隐私，你可以跳过个人身份证明而是接受CAPTCHA。两种方法都可以，至少给用户保留一种选择。

第35章

密码还未消亡

密码很傻。它们有各种问题：

- 简单的密码可能容易记忆，但它们也容易被自动化工具猜出。

- 很多人令所有账号共用一到两个密码，或者有类似的不良密码使用习惯，这增加了他们的风险。

- 如果你尝试做正确的事情并针对不同的网站分别用不同的密码，你就很容易遗忘重要密码，尤其是你不常用的那些。

- 如果你用一个软件来保存密码，那现在这个软件的密码就是你要记住的一个非常重要的密码。当你需要从朋友的机器登录时，你可能就有麻烦了。而且如果你没有保存备份而且计算机又崩溃的话，你就可能处于困境了。

- 如果你用一个软件来保存密码而又未加保护地离开计算机，别人就可以坐下来用你的计算机访问你的网络账号。

- 在很多情况下，当你使用密码时可能被偷窥。可能是运行在你的计算机上的恶意软件记录了你的密码，也可能是运行在你同事的计算机上的恶意软件从互联网上截取了密码。

- 密码让使用别人的机器上网变得危险，因为天知道你所用的机器上安装了什么样的按键记录恶意软件。比如，当我去参加一个会议或者是逛苹果专卖店，通常他们都提供查看电子邮件的计算机，但我拒绝在这些机器上使用任何密码。

- 密码恢复系统通常会增加危险性。要找出我母亲的娘家姓或者帕丽斯·希尔顿的小狗的名字并不难。[译注1]

- 很容易诱骗人们交出密码。比如，如果一个坏蛋声称他来自哈佛并且正在进行一项关于计算机安全的研究（特别是可以说成是关于人们的密码有多好的研究），很多人会因为科学的名义交出自己的密码，而不是打个电话给哈佛大学验证一下研究的真假。

- 让系统开发人员构建一个消除不必要风险的系统是很难的。我不在技术细节方面深入展开，但重要的一点是有很多地方必须做易用性和安全性的妥协。比如，eBay不想让一个坏蛋尝试几百万次来猜出某人的密码，所以它可能会设置每天只能尝试登录网站100次的限制。但到那时，它又变得很容易让坏蛋恶意地锁住用户账号。

尽管如上所说，但还是很难看到有什么技术会取代密码。首先，优秀的替代方案本身就不多。当然，有诸如身份识别卡和指纹扫描器之类的东西，但那些东西都很贵而且并不总是如预想般工作得那么好。

其次，较好的方案是通过组合认证技术来提高安全性。我这样说

译注1　这些问题通常用来找回密码。

的意思是，你必须跨越多重障碍后系统才会接受你的身份，这被称为多重身份认证(multifactor authentication)。一个简单的常见例子就是从自动提款机里提取现钞。那有两重认证要素。首先，有一个相当弱的密码（你的磁卡密码）。其次，你还必须有与你要提取现金的银行账户相对应的那张银行卡。坏蛋们并不能仅仅通过账户名字然后尝试几个密码来攻击银行账户。

这并不是说我们不能让密码系统更安全。实际上我们有很多事情可以做。

首先，使用密码的系统如果应用了某种称为零知识密码协议（zero-knowledge password protocol）的东西的话，会变得安全很多。在传统的密码协议中，坏蛋们可以在很短的时间内玩花招猜出很多密码。零知识密码协议去除了坏蛋可以用来了解密码的所有途径，让他们只能瞎猜。装备了这个协议之后，系统就只需要防备暴力破解。然而零知识密码系统并不常用，因为专利雷区成了标准化的巨大障碍。所幸，几个重要的专利要在2010年过期了。

其次，不使用（也不是附加于）传统密码，我们可以使用一次性密码。一次性密码是一个相当老的想法，而且很多大公司都在使用它们。大多数人习以为常的技术是RSA公司的SecurID，一个人们通常挂在钥匙链上的物理设备。这个设备每分钟显示一个新的6位数。然而SecurID设备很昂贵，制作一个完全免费的优秀一次性密码系统的花费却不多。

比如，我构建了一个称为OPUS的系统，其工作原理如下：

1. 在你登录的网页或者应用程序界面上，输入你的用户名然后点击"Send Passcode"按钮（图35-1）。

图35-1：登录OPUS安全系统

2. 一个随机生成的密码就通过手机短信发送给登录用户（图 35-2）。

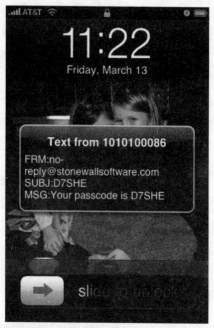

图35-2：一个随机密码被发送到你的手机上

3. 你在网页表单里输入收到的密码（图35-3）。

图35-3：输入收到的密码

为了提高安全性，你可以有一个私人的4位数的个人识别码（PIN），需要与一次性密码一同输入。

要把这样一个系统做到真正安全可靠还涉及很多技术细节。对于那些感兴趣的人，我已经提供了一个可以免费下载的OPUS系统，网址是*www.zork.org/opus/*。

这个系统的最大好处是你再也不必记密码了。你只要保证手机号码不遗失，就像你的银行ATM卡一样。

这些都很好，但即使计算机行业可以把密码安全做得比如今的更好一些，你也可以打赌密码还将继续成为安全系统的一个重要部分。

是的，保护你自己不让别人猜出你的密码仍然很重要。你应该假设不仅认识你的人可能会来猜测你的密码，任何人都会这么干。还要假设你正使用的系统是脆弱的，并且由你自己来决定设置一个高强度的密码。

比如，假设我在老约克日报 (Old York Daily Times)网站有个账号。你可能认为一个在线新闻报纸网站的密码并没有多大实际价值，但我还是使用了难度适合的密码。这样做是因为，假如这个网站的安全功能薄弱，坏蛋用我的用户名尝试了10 000 000次猜测，最后得到了我的密码。然后坏蛋就能用我的用户名和密码组合去尝试无数其他的网站，比如Gmail和我的网银。

因此，请假设你身处危险之中，而且负责任地把密码设置得足够安全以保护自己。以下是我给出的一些建议以应对这个到处都需要密码的世界：

- 确保至少重要的账号拥有各自的密码。即使你坚持对不在乎的账号（比如报纸）使用一个用过就废弃的密码，也要让你的网银账号密码强度足够高。

- 对多个网站使用同一个密码的合理方式是针对每个网站让密码有些变化，而变化遵循一致性规则以便记忆。比如，如果你的基本密码是"something"，那么你的雅虎密码就可以是"something5Yo"（因为雅虎的英文名称是Yahoo，它有5个字母，以大写字母"Y"开头和小写字母"o"结尾），而你的谷歌账号就可以是"something6Ge"。这并不是一个完美的设计，但远远好过每个网站都是用同样的密码。

- 如果你不想被迫记住多个密码，也不想麻烦地去备份你的计算机数据，你可以使用密码存储应用程序。其中的一些会自动生成强度非常高的密码然后在需要输入密码时帮你填入，所以你甚至都不必知道你自己的密码。比如，如果你用火狐浏览器的话，它有一个很棒的插件sxipper（*www.sxipper.com*）。这样你唯一需要记住的密码就是登录自己计算机的密码。如果需要换一台计算机使用，你可以查看这些密码并拷贝下来或者是把密码数据库存在U盘上。

- 使用那些难以猜测的密码，哪怕是你必须把它们写在纸上。有些安全专家说不要把密码记在纸上，因为放置不当（压在键盘下面）的话坏蛋们可能会看到这些纸片。哦，那就精心

保管，放在钱包或者手提包里，或者可以记在手机里。但你
使用一个强度高的密码一定好过一个强度弱的密码，不管你
是不是必须写下来或者记住它。

- 如果你实在想不出什么自己能够记住的好密码，就回想一下
  自己喜欢的歌词，至少要有8个词的长度，然后取每个词的首
  字母，再接任意一个标点符号。当然可以放心大胆地做一些
  明智的替换。比如，你可以把平克·弗洛伊德（Pink Floyd）
  乐队的歌词"Money, so they say, is the root of all evil today!"
  变成密码：$sts,itroaet!

- 另一个设置强度较高密码的方案（但可能需要你把它们全部
  写下来）是用一个程序来生成。比如，你可以去*http://www.
  goodpassword.com/*这样的密码生成网站。

第36章

垃圾邮件已死

在2004年，比尔·盖茨大胆地预先宣告在2006年初的时候微软就会解决垃圾邮件问题。他错了，但或许也不像有些人想象的那样错得离谱。

没错，大部分人仍然看到伟哥和性感俄罗斯女郎求爱信的广告，以及非洲尼日利亚王子又有商业机会邀请你加盟之类的东西，但这些东西已经没那么泛滥了。大多数现代反垃圾邮件技术能够在98%的时间里有效工作，但如果你一天收到15 000封垃圾邮件（这就是我个人每天收到的垃圾邮件数量），经过反垃圾邮件软件过滤之后，仍然还是有300封漏网之鱼进入到你的收件箱中。对于普通Gmail用户而言这可能已经很令人满意了，他们一天只会收到100封垃圾邮件，因此也就仅仅有一两封进入收件箱。

很多垃圾邮件过滤软件的另一个问题是它们会把正当的邮件标注为垃圾邮件。当你收到很多垃圾邮件时，你就根本不愿意定期在这些垃圾邮件中搜索，以防垃圾邮件过滤软件误把正当邮件送到这里。而且由于大多数邮件系统是内置垃圾邮件过滤功能的，这就让情况变得更糟糕。如果你选用某个邮件安全服务或者大的安全软件厂商，同样也会发生这种事情，但通常会好很多。

尽管每天我的个人电子邮箱要收到15 000封垃圾邮件，但我使用的过滤软件每天漏网放过的垃圾邮件还不到一封。这些是我的系统所做的事情（这并不是我自己专有的东西，虽然软件是我自己开发的）：

- 如果我已经从你那儿收到过一封邮件（不在我的垃圾邮件箱中），那么你就在我的白名单中，可以给我发邮件。

- 如果我以前从未收到过你的邮件，一个自动系统就给你发送一个回应，说："我还没收到这封邮件。"如果你遵照如下要求（回复邮件或者点击网页链接），我就会收到你的邮件信息。否则，它就会在几天之后被自动从电子邮件系统中删除，根本不会来打扰我。

- 如果你曾经给我发送过垃圾邮件，那你就上了我的黑名单，并且我在任何情况下都不会看到你的邮件。我的图书编辑的电子邮箱地址就在其中。（我写这段是想看他是不是真正地留意！）

- 当我必须在某个网站上给某人留一个邮箱地址，我能即刻生成一个新的邮箱地址，并且一旦生成，所有发送到那个地址的邮件就自动被列入白名单，这样一来我就能收到重要的自动回复了，比如说订单确认邮件。一旦我从那个地址收到太多的垃圾邮件，我就把它取消掉。

- 我做了很多技术研究来尝试检测出人们使用伪造的邮件地址发送信息。举例来说，很多垃圾邮件发送者会让邮件看起来像是从正当的贝宝(PayPal)邮箱地址发出的。这项技术只有在垃圾邮件发送者虚构了邮箱地址，而这个地址碰巧又在我的白名单上时才有意义。比如，如果垃圾邮件发送者伪造了来自亚马逊购物网站的邮件，而亚马逊在我的白名单上，因此我就要尽可能侦测出虚构邮件。

使用这个系统，我平均一天只会收到一封垃圾邮件。而且即使是这封邮件，其实本质上也只是个无用的邮件，并非真正意义上的垃圾骚扰邮件。通常它是发送自某个在线商店，而我给这个网站留过自动生成的定制邮箱地址。

从你曾经与之做过正常生意的厂商那里发来的无用邮件跟那些纯粹垃圾骚扰邮件比起来，对很多人而言，反而是更大的问题。解决这个问题的一个简便方法是给这些网站提供一个临时邮箱地址。你可以新申请一个Gmail账号来跟那些人做生意，生意完成之后这个邮箱就废弃不用。或者你可以使用Mailinator（*www.mailinator.com*），这个网站可以让你生成任意以*@mailinator.com*结尾的邮箱地址，然后让你查看该邮箱地址收到的邮件。

用这种方式收到的邮件仅被保存15分钟，所以如果你想用这个地址来查收发货通知或者类似的其他东西就不甚理想了。这种方式最适合用来注册网络论坛而且希望确保这个网站永远也不要主动发邮件来联系到你。

每隔几个星期，某个真正的垃圾邮件发送者就会人工回复我那封自动发送的"我还没收到你的信息"的邮件。当然，他纯属浪费自己的时间，我从中获得了无比的满足感（如果将来很多垃圾邮件发送者都这样做，我就会让他们发送手机短信到一个自动处理结果的电话号码，这样一来他们就得支付真金白银让我来看他们回复的消息了）。

有些电子邮件服务开始采取类似的方法。我认为这是一个很地道的策略。这个策略中最大的挑战来自于预先部署好邮件发送者的名单，这个可以从你已有的邮件存档或者一个更新过的地址簿中自动生成。有些公司甚至可以由微软Exchange邮件服务器的邮件文件夹中保存的邮件构建这样一个白名单。

但很少有个人用户会采用这样的策略。幸运的是，很多人也不会一天收到几千封垃圾邮件。大部分人收到的垃圾邮件要远远少于这个数量，也许一个被转卖过几次的老旧电子邮箱地址一天也就收到几封到几十封的垃圾邮件。

对于这些人而言，基于云计算的反垃圾邮件服务应该非常适合。这些服务的垃圾邮件处理是在远端进行（在"云"中），而不是在你的桌面完成。智能网页电子邮件提供商也能提供这项服务，比如Gmail。

Gmail实际上是一个非常优秀的例子。有很多人用它来发送很多邮件，因此它就能够根据这样大量的用户群体基础来分析趋势。它可以看到一段相同的简单内容被一次性发给几千人（可能是垃圾邮件的一个极好指示），它还可以看到一封有针对性的邮件被用户扔进了垃圾邮件箱里，而且同样的邮件被其他用户收到之后也扔进垃圾邮件箱里。类似地，当它能够确认垃圾邮件源头时，就能够屏蔽它们。

这种云计算的方法让垃圾邮件识别率上升的同时也让误报率下降。仍然发生的误报一般是群发邮件，有些收件人认为这是垃圾邮件，但其实不是。比如，当你在网店购物时，通常都需要同意订阅这个网站的广告邮件，不管你有没有注意到这个事情都是这样。

如果你不需要这些广告邮件，你可能会把它们标记为垃圾邮件，其他很多人也可能会这样做。优秀的反垃圾邮件软件厂商不得不留意这类诡异的情况。

然而，你的解决方案也不一定要把邮件让Gmail来托管。你可以在桌面邮件客户端软件中享受到云计算的好处。这得看这个桌面客户端软件是不是设计得足够优秀。很多桌面邮件客户端软件使用的过滤规则需要更新软件才会被更新。但也有一些桌面客户端软件可以实时下载新过滤规则，这种方式要更有用得多。能够提供这种系统的公司通常在后端会收集数量巨大的垃圾邮件（基本上是通过接管无效的互联网域名来查看收到的邮件）。

无论网页邮件还是桌面邮件客户端，其中的优秀者都能做复杂的云计算分析以及了解用户对垃圾邮件的反馈。同时提供这两种邮件系统的公司（大部分大公司都会如此）通常能检测出99%的垃圾邮件。比如，当我把我的饱受垃圾邮件侵害的收件箱关联到Gmail时，它就做得很好。在一个典型的6小时期间里，它在大约980封垃圾邮件中仅误判了10封，检出率接近99%。如果是这样的话，垃圾邮件不像我这么多的普通用户一天之内大概就只会看见一到两封垃圾邮件了。

由此得出的经验是，如果你的桌面垃圾邮件过滤器不够好的话，就用反垃圾邮件服务。比如，如果你有一个互联网域名，那么有专业化的服务可以帮你管理这类事情，像MXLogic（*www.mxlogic.com*）。或者，如果你已经从一家反病毒软件大公司购买了安全套件的话，你可能已经支付了访问反垃圾邮件服务的费用，你应该用起来！

仍然可能存在这样的情况：你收到的99%的邮件都是垃圾邮件，但你应该永远用不着人工检查这些邮件。最糟糕的问题是你可能错过了一封重要的邮件，因为它被放进了垃圾邮件箱中。垃圾邮件的大部分问题都被解决了，但这样的障碍或许永远无法被解决。

但实际上我真的不愿垃圾邮件问题被解决。解决得差不多就行了。如果被完全解决，我就没法用这个最好用的借口了："抱歉，我不是故意忽略你，你的邮件被发到了我的垃圾邮件箱里。"

我很高兴地宣布，这个借口短时间内并不会消失。

第37章

改进身份认证

美国银行（Bank of America）是世界上最大的金融机构。很多消费者，包括我自己，都使用它的网银业务。它也非常关注安全问题，在采用新技术方面也有进步。但是，尽管它在安全方面做了许多很不错的事情，但我不喜欢它的网银身份认证方式。

美国银行很久以来一直采用的技术是SiteKey，我认为这项技术基本等同于没用。这项技术的基本思想就是在你注册一个账户的时候，得从一个大的图片库中选一张图片（图37-1），选中的图就是你的SiteKey。

然后，在你注册之后登录网站时，会发生这么几件事情：

1. 你输入用户名。

2. 美国银行网站显示你之前选择的SiteKey图片。

3. 如果你同意它就是你的SiteKey图片，你就输入密码。

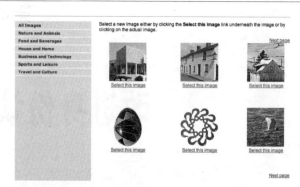

图37-1：选择一张SiteKey图片

这个额外步骤的意义在哪里？美国银行想让你辨认出钓鱼网站，因为它指望钓鱼网站不知道你的SiteKey。我假设它希望坏蛋会随机挑选一张图片，而当你看到这张错误的图片时就会知道。

如果坏蛋选择了一张错误图片展示给你，也许大多数人会留心并且关注，但即便如此又能如何？这里有两个大问题。

首先，坏蛋用来钓鱼的网站可能根本就不显示SiteKey。大多数人可能不会注意到这一点，尤其是因为大多数网站不用SiteKey。

其次，如果坏蛋已经攻破与用户同处一个局域网的某台计算机，他完全可能进行中间人攻击，在你确实与银行网站对话时，坏蛋看到了一切操作，包括你的用户名和密码。在这种情况之下，SiteKey能够给你显示正确的东西，但你仍然在与坏蛋直接交谈。

当然，如果坏蛋已经攻破用户正在使用的计算机，认证机制就是个摆设，而坏蛋可以做一切事情。坏蛋们使用的花招之一是让你登录真正的网站，但在网页上注入新的表单，让你输入社会安全号码进行额外验证，诸如此类。

除了提供一种虚假的安全感让用户觉得他们受到保护之外，我没看出来SiteKey有什么用处。的确，少数注意到SiteKey不见了的用户可能不会被钓鱼。从这个角度说，它还是有点小价值的。但我不认为值得为这个额外的保护机制增加一个额外的登录步骤。它不是一个有效机制的标志之一就是几乎没有其他银行采用这种方式。如果它有什么好处，每个人都会想要它的。

一方面，这个额外步骤也不是全然令人不悦。即使对安全问题帮助不大，至少美国银行在这方面进行努力。另一方面，我反对它给客户一个更加安全的错觉但实际上并非如此。

时至今日，我肯定短期内美国银行不会去掉SiteKey。因为一旦去掉SiteKey，它可能会因废弃安全措施而被批评。

美国银行的网银的确提供了一个它称之为SafePass的更有效的安全机制。基本思想是当你登录时，它会给你发送一条带有一次性密码的短消息（图37-2），让你输入计算机（图37-3）。当我第一次看到这个时，我想："现在总算有个很棒的SiteKey的替代品了！"我认为我能够肯定我在跟真正的美国银行对话，因为一个随机的钓鱼者不会知道我的手机号码（希望如此），这个只有银行知道。

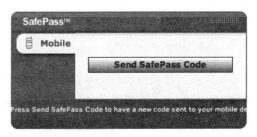

图37-2：SafePass发送一次性密码……

不幸的是，美国银行真的让登录体验变得如此无法忍受以至于我把SafePass关掉了。如果打开这个功能，登录流程如下：

1.   输入用户名。

2.   验证我的SiteKey。

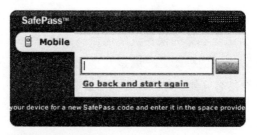

图37-3：……然后把它输入网站

3.   输入密码。

4.   等待加载SafePass窗口小部件（需要2～10秒）。

5.   点击按钮发送短信。

6.   等待接收短信。

7.   输入短信中的密码。

8.   点击"OK"按钮。

9.   等待系统完成认证流程。

我这样用了几个星期，最后觉得步骤太多了，而且太慢。现在我把SafePass配置成只有在我从一台新设备上登录时用来取代各项安全提问。

我的确认为如果美国银行让我每次登录网银时都要使用SafePass可以降低我对于被钓鱼的担心。而且既然我认为如果SafePass少了一个步骤要比少了一张SiteKey图片更能引起人们的注意，这个肯定不是原因。如果我的密码被钓鱼网站成功盗取，而我又不用SafePass的话，攻击者会处于更有利的地位，否则他还需要拿到我的手机！

当然，如果坏蛋想要从其他机器登录我的账号而我又没用SafePass，他就必须知道我设置的问题答案。看看我设置的30个问题选项中的一些：

- 你外婆的名字是什么？

- 你父亲的中间名是什么？

- 你16岁时在哪个城市生活？

- 你大侄子/侄女的名字是什么？

- 你在哪个城市出生？

- 你哪一年高中毕业？

- 你多少岁结婚？

- 你第一个宠物的名字是什么？

- 你的婚礼的伴郎/伴娘的名字是什么？

几乎全部30个问题选项都是关于一些有公开记录的事情。余下的问题也是些人们通常不用多注意就能找出答案的事情，只要他们有正确的人际关系。为了避免这些情况，你可以总是为所有这些问题编造假的答案。困难在于要记住这些假信息，而且还要记住哪些网站使用的是正确答案以及哪些是编造的答案。我就是把所有的东西都写下来。

现在，美国银行让登录流程变得如此麻烦，我迅速对使用SafePass丧失了兴趣。与此相反，它应该竭尽所能让我转换到使用这项技术。[1]

1　　顺便说一句，我并不是故意过多地挑剔美国银行。它的确好像在所有银行中拥有最好的安全措施。它采取了很多其他银行根本就没采用的有效措施，例如认证你用来登录网银账号的设备，以及提供实时的服务器端攻击检测。我挑剔美国银行是因为我很喜欢它并选择它作为我的银行。我也与它负责消费者安全防护的团队交流过，而且他们向我肯定他们正致力于很多改进措施，其中就包括让SafePass更快捷。

如果美国银行是我的，我会做以下一些改变：

- 我会鼓励大家使用SafePass，使用的人可以得到一些报酬。比如，免手续费、更高的存款利息或者每次信用卡交易补偿几毛钱。对我来说应该很容易能够想出一些对用户有价值但与不使用SafePass所造成的损失相比却要少得多的支出。

- 如果用户在使用SafePass，取消SiteKey。

- 如果用户在使用SafePass，别让他们输入自己的密码。

- 当SafePass的短信送达时，美国银行应该多花些力气来证明那个一次性密码的确来自美国银行以确保我不是被正好知道我的手机号码的人钓鱼了（这一点在我收到通知让我通过短信登录账号时尤其重要）。美国银行可以通过发送一个秘密字符串给用户来证明它就是发送人。这基本就是一个文字版的"SiteKey"或者是一个反向密码（美国银行给你发送一个密码来证明自己的身份，而不是你给它输入密码）。

如果我知道美国银行总是发送带有秘密字符串的短信给我，我就永远不会被钓鱼了。但坏蛋们仍然可能进行中间人攻击。然而，即使他成功地实施了攻击，至少他也无法拿到可以再次使用的密码，因为他没有我的手机。大多数人对多个网站使用同一个密码，所以坏蛋拿到的一次性密码也就不能危害其他网络账号了。

为了更加安全，你总是可以添加一个第二密码，用来给用户输入。这样一来，坏蛋要想得逞就必须拿到手机和那个密码。

我希望看到手机被更多地运用于这样的身份认证中。我可以想象不再需要带着我的SecurID到处走的情景，因为随身带着手机（另外，这也为公司节省了成本）。我期待看到将来的某一天，我可以登录某个网站，设定一个时间段让我的家政工人可以进我的家门。家政工人的手机可以使用蓝牙和一个应用程序来证明他在那儿并且准备进门了（按下按钮开门）。或者门锁有个小键盘，然后家政工人可以发短信给我的门，接着门回复一条包含一个4位数密码的短信，家政工人可以在键盘上输入后进门。

一句话，完全可能让系统变得简单、廉价而且相当安全。让我们期待看到它们的那一天。

第38章

云不安全？

如今在技术上人们谈论最多的一个热门词汇就是"云计算"了。云技术背后的基本理念是那些可以在客户端完成的任务被移动到互联网上某个看不见的集群上来完成。

目前云系统有三种主要类型：

软件即服务（*Software-as-a-Service*，*SaaS*）

在软件即服务中，你付费订阅某些软件产品，但这些软件的部分或者全部数据和代码都在远端。比如，谷歌在线文档（Google Docs）就是一个替代微软办公套件(Office)并把你的文档存放在谷歌服务器上的产品，而且在你的机器上并不保存任何代码。尽管最终某些代码还是需要在你的机器上运行。例如，谷歌在线文档依赖于运行在你的网络浏览器中的JavaScript。这个应用程序并不在服务器端。

平台即服务（*Platform-as-a-Service*，*PaaS*）

从消费者角度看，这个软件可能是软件即服务，但在软件开发者看来，她不是构建程序来运行在她自己的网络基础设施上，而是构建之后运行在别人的平台上。比如，谷歌提供一个名为谷歌应用引擎（Google App Engine, GAE）的服务，允许开发组织编写程序特定运行在谷歌的基础设施上。

基础设施即服务（*Infrastructure-as-a-Service*，*IaaS*）

除了开发团队可以定制自己的软件环境外，这个服务类似于平台即服务。基本上服务提供商是向基础设施即服务提供商提供虚拟机镜像，而不是程序，而且机器可以包含任何开发人员想要它们包含的组件。在任意给定时间内服务提供商可以自动地增加或者减少虚拟机的数量，这样程序就可以更加容易地扩容来应对高工作负荷，并在不需要资源时节省成本。

从最终用户的角度看，通常这三种模式之间并没有太大差别。系统的安全性依赖于一些很大程度上不受用户控制的事情，比如：

信息技术环境防御外部攻击者的安全能力

比如，坏蛋们能够闯入后端系统并得到数据吗？

防御内部用户的安全能力

有些人能够利用应用程序的漏洞来非法访问其他用户的数据，或者破坏运行在同一环境中的其他应用程序吗？

系统所使用的认证和加密方法

明文协议处理密码让每个人都暴露在危险之中。

在此情况下，信息技术环境也不是软件开发人员有能力控制的东西。云服务提供商需要公布它的政策，而应用程序开发人员需要尽力而为。比如，在使用基础设施即服务时，其最佳实践就是严格针对需要的功能创建虚拟机镜像，去除不必要的功能，并且在各个实例之间使用加密通信，以防云服务提供商的其他客户可能在网络层解析流量。

所有类型的云系统的一个显著优点是如果系统设计恰当的话，坏蛋想要利用的全部代码都将运行在服务器端（而不是被下载到浏览器中）。如果坏蛋无法控制代码，他仍然能够攻击它，但不得不利用用户界面明显的缺陷或者使用暴力破解的方法来发现漏洞。这些技巧也很容易被好人们所用，这就让应用程序更容易防御，你能够在坏蛋们之前发现漏洞。

比较以上情景与一个典型的架构，在这个架构中你能够买一份服务器端应用程序的拷贝然后在自己的网络环境里运行。任何人都可以购买这个应用程序，包括坏蛋们。而且，尽管厂商通常不会提供源代码，但坏蛋们至少会接触到二进制代码，这样他们也能够读取（虽然不会像有源代码那样容易）。在软件即服务模式中，访问服务器端组件的二进制代码应该是被极其严格地限制的。

不过开发人员仍然有可能会把本该放在服务器端的东西放到客户端。开发人员必须假定坏蛋们对客户端的一切信息都有完全的访问权限，无论他用何种隐蔽手段。比如，如果客户端负责构造并验证数据库查询，然后服务器端盲目地执行它们，坏蛋就能够修改客户端代码来做任何后端数据库权限许可范围内的事情。通常，那就意味着他能够读取、修改或者是随意删除数据。

因为攻击者拥有的信息相当有限，我认为通过一个相当适度的应用安全程序即可侥幸逃脱攻击是非常有理有据的。该程序的确切作用域完全取决于软件开发人员的特定需求，但对于很多组织而言成本效益的现实是"雇个人来做相当廉价的安全测试"，将一些有限的资源投入到认证或加密这些每个人显然都应该做的事情上，然后极有可能就没有其他内容了。如果没人让你做这些事情的话，你很有可能省略掉这些事情，如培训和代码审阅。

无论何时当我站出来建议在应用程序安全上的投入要谨慎，通常人们都很惊讶，因为我已经与别人一起写了关于这个主题的很多本书，其中包括这一主题的第一本作品《Building Secure Software》（与Gary McGraw合著，Addison-Wesley Professional出版）。当谈到云计算中的应用程序安全时，我已经从人们那里听到了反对的意见。

是的，我同意，这种方式明显不会让你在可能范围内得到最安全的解决方案，但商业的本质就是要让利润最大化，而不是安全最大化。对于绝大多数经营云计算业务的公司而言，这就是找准问题症结的正确位置。

当然，在几个情况下这个建议也许不合适。比如，如果你的公司在云计算中部署解决方案但根据条款出售同样的代码，坏蛋就再次能够访问你的代码了。

除了对云计算的一般顾虑外，三种云计算模型中每一个都有其独特的安全顾虑：

- 对于软件即服务，用户需要在很大程度上依靠他们的云服务提供商来解决安全问题。提供商需要让多个公司和个人在没有授权的情况下无法看到彼此的数据。提供商还需要保护底层基础设施避免被人闯入。此外，通常它还负责所有的认证和加密。客户很难给出具体技术细节来帮助厂商确保采取了所有正确的措施。同样，很难确保应用程序本身足够安全。

- 对于平台即服务，提供商可能给人们提供了某些控制权限以便在它的平台上构建应用程序。比如，开发人员可能能够实现自己的认证系统和数据加密功能，但任何应用层之下（比如主机或网络入侵防御）的安全将仍然完全掌握在提供商手中。通常，提供商完全或者几乎不提供这方面的操作细节。

- 对于基础设施即服务，开发人员对安全环境有更多的控制权限，主要是因为应用程序运行于虚拟机之上并与其他运行在同一物理机器上的虚拟机互相隔离（只要在虚拟机管理器中没有叠加的安全漏洞）。这种控制力度使得较易确保安全性和合规性顾虑得到妥善解决。然而，不利因素是构建应用程序的时间和费用可能会大大增加。

另外一个更重要的顾虑是数据备份。某些提供商为你做数据备份。然而，很多事情都可能出错。或许他们哄抬价格让人很难从他们的网络中剥离数据。有时公司突然破产。很多事情都会发生。

在所有情况下，如果你正在使用基于云的解决方案，最好在云服务提供商的备份之外能够保存自己的备份。通常基础设施即服务会更容易做到这一点。

显然云有许多优点，比如成本由各家公司平摊（希望这样比拥有自己的基础设施性价比更高），而且有助于处理一个应用程序变得受欢迎而需要快速扩容这样的情况。但对于很多人而言，云计算或许会给人更加危险的感觉，因为他们的应用程序和数据可能与其他的应用程序和数据一同分享计算空间。

然而，大多数时候坏蛋们无法接触到源代码，而且提供商常常也尽全力在客户之间提供明确和牢不可破的隔断。当然，安全措施在不同平台、不同提供商之间根据不同的应用程序可能会有很大不同。但就这个整体而言，云计算兑现了很多关于"更好的安全"的承诺。

这是个好消息。但反过来讲，如此一来很多人把数据和代码都放在同样的几个站点上——这就让那些站点变成更大的目标。

拥有这些站点的人们就不得不考虑所有其他研发机构都不得不担心的同类问题——但后果可能会严重很多，因为可能会危及很多人或者公司的数据。

编写软件即服务应用程序的人需要考虑应用程序中的漏洞可能会把一个客户的数据泄露给其他人，或者曝光多个客户的数据。基础设施即服务提供商必须考虑确保他们的每位客户免受其他客户的伤害，如果他们中的一位出现了安全漏洞，其余的客户不应该面临比以前更大的风险。

云服务提供商需要考虑提供正确的安全措施。当出现问题的时候，他们就是必须担起责任的那些人。

让我们期望他们齐心协力。

第39章

反病毒公司应该在做什么 (反病毒2.0)

关于传统的反病毒系统出了什么问题而让它们的效果如此糟糕，我已经谈了许多看法。关于安全厂商应该在做什么，现在我打算分享我的愿景。我们称之为反病毒2.0（虽然大家都厌烦把什么东西统统称为 2.0）。在3年的时间里我已经朝这个方向做了一些努力，主要是在迈克菲完成的。然而还没有任何一家反病毒厂商完全转到这个方向，大厂商正在开始朝正确的方向前进。

反病毒厂商传统上保存了一张很长的坏程序黑名单。不仅如此，反病毒厂商应该保存一张程序的总名单，针对每一个程序，调查了解它是好的、坏的还是无法决定的（厂商缺乏足够的信息来判断）。

没有充足的理由在机器上存放数量巨大的数字签名文件，甚至不必检查传统的数字签名。与此相反，在计算机运行一个程序之前，反病毒软件应该向反病毒厂商询问："这个程序可以安全运行吗？"

现在反病毒厂商们必须能够进行更好的检测。想实现这个目标，在末端的反病毒软件应该收集人们放在机器中的程序的信息，例如这样的一些内容：

- 文件被安装在什么地方？

- 哪一个软件厂商对它进行了"签名"？

- 程序使用了什么注册表项和其他资源？

- 这个程序安装了其他什么程序？

- 程序删除了什么东西？

- 程序有没有做任何可疑的事情，比如记录按键？

并不需要针对每一个程序都收集这类信息。通常，只针对那些反病毒厂商不了解的程序收集信息。

反病毒厂商然后就可以使用收集到的某个程序的信息，横跨整个产品用户群进行集中分析，来判定这个程序是否应该被信任。当你拥有横跨一个用户群的许多关于程序的数据时，你就很容易而且成本效益比很好地判断程序是好是坏：

普遍性

　　如果很多人都安装了一个程序并且这个程序从来没有做过坏事，它很可能就是一个好的程序（尽管最好还是偶尔再来检查一下这个判断是否正确）。如果在整个用户群中几乎没人安装这个程序，它很可能就比较可疑。

数字签名

由声誉卓著、备受信任的厂商进行过数字签名的程序可能都没什么问题，而由那些兜售间谍软件的厂商进行数字签名的程序可能就应该不允许运行。

血统

如果一个安装程序是被高度信任的（可能是由于数字签名的关系），通常值得信任它直接安装的一切组件（而那些被打包在另一个独立安装程序中的东西可能是合作厂商的捆绑程序，就不应该完全信任）。类似地，一个坏程序安装的所有组件以及所有安装坏程序的安装包都应该被怀疑。另外，如果我们从有安全风险的网站得到程序，我们或许只有等到证明它是没问题的时候才能允许它运行。

行为模式

有很多行为模式都存在问题，比如记录按键、探查网络流量等。从单台机器的角度看会很难分辨这个行为是好是坏，但如果你查遍整个用户群，事实就会变得清楚很多。比如，你或许能探测僵尸网络活动的行为模式。或者，你可能看到许许多多的人在使用那个程序，即使这程序拥有某种记录按键的功能。（是的，我指的就是Skype!!）

为了理解所有这些是如何起作用的，让我们回头来看看坏蛋们今天是怎么做的，他们让反病毒厂商的日子很难过。然后我们就会看到这个新模式如何能够让事情变得更好。

坏蛋们知道如果他们使用定制加密（或者是打包）解决方案，就能自动地从一个原有的恶意软件创造出很多种恶意软件（通常他们随机地给文件命名并且随机生成各种东西让关联变得困难）。他们使用自动化工具传播很多份恶意软件而不是只保存一份，这为反病毒厂商制造了无穷无尽的工作量。如果坏人的自动化工具的确有效，好人会被涌入的样本数量压垮，而且会面临一个极具挑战性的时刻，要写出一个签名并通用在每个可能的版本上。这就是今日反病毒世界的典型图景。

让我们假设厂商在它的整个用户群中搜集有用信息，而且我的计算机的反病毒软件报告*someprog.exe*已经启动。通过加密技术，反病毒软件为*someprog.exe*计算出了一个独一无二的标识符而不必关心文件名是什么。这个标识符被发回给厂商。如果厂商从未看过这个程序，或者只是见到过几次，它就会在作决定之前询问更多的信息。我们的软件可能就会报告其他有用的信息，比如这个程序没有数字签名并且被加密这个事实（很容易分辨一个程序是否被打包或者被加密，但恢复程序的原样却很困难）。

基于到目前为止我们了解的信息，反病毒厂商会说："别运行这个程序。"为什么？如果一个程序被打包或者被加密而且以前从没有人见过，它就高度可疑，几乎就是恶意软件。

像微软这样的厂商甚至Dropbox这样的小厂商，从来不必担心它们的程序被错误地指控，因为它们的安装程序是经过了数字签名的，所以任何一家声誉良好的反病毒厂商都会把这样的厂商添加到白名单中去。或者，对于那些没有进行数字签名但是给出它们的网址信息的厂商，反病毒厂商会查看并确认软件是由一个很值得信任的网址发布的，然后再让软件运行。

有了这样的规则，合法软件就很少会被阻止，但恶意软件会被非常容易地阻止。那么坏蛋们会尝试什么花招来绕过这个系统呢？

坏蛋们可能会开始对他们自己的程序进行数字签名（使用合法获得的代码来签署证书）

　　这会让坏蛋们付出更多努力，因为他们将不得不提供某些有据可查的信息才能获得证书，而且证书需要支付费用。虽然一个坏蛋可以轻易地生成几千个程序，他却不太可能获得并使用大量的代码来签署证书。有些间谍软件厂商处于灰色地带，因为合法机构已经为它们开发的应用程序进行了签名。但我还是认为从经济的角度讲，这个方法对于典型的恶意软件开发者而言是行不通的。

坏蛋们可能会不再对他们的恶意程序进行打包

本来，打包的价值在于通过创建很多程序来更大地增加好人们的工作量。这个方法很有效，因为好人们没有真正的办法来决定如何为自己的工作量排定优先级。哪些程序流行？哪些不流行？好了，现在好人们将能够轻易地忽略大多数打包后的程序，因为绝大多数时候坏蛋们只是通过细微、自动化的变化来对程序一遍又一遍地打包，这样就可以散播数以亿万计但全部都是做同一件事情的程序。坏蛋们也许会需要让他们的程序表面上看起来更加正常一些，而不是打包或者不去创建数以吨计的变种程序（因为如果坏蛋们不去对恶意程序打包或者加密的话，同一种过滤手段能够工作得很好）。最终结果就是坏蛋们能够让这种程序通过反病毒过滤器的检查，但却比今天的恶意软件还要让人怀疑。让恶意软件远离人们的机器就会成为一个远远简单得多的任务了。

坏蛋们会更加故意地让反病毒软件失效，这样恶意行为就不会被报告

好消息是，在恶意软件运行之前反病毒厂商将已经掌握了它的信息，它从哪里来，当它被安装时发生了什么事情。审核跟踪会自动并快速地帮助识别危险软件。

坏蛋们可能会尝试欺骗系统

比如，一个坏蛋可能会通过无数已经被感染的计算机报告信息来让程序看起来是好的，从而试着让她的软件被标记为"良好"。比如，这种方法可能让它看起来像是一个程序在

一段时间之内正在以一种"自然的"速率进行传播，然后坏蛋可以选择"突然爆炸式"增长，以符合当一个程序吸引了公众的注意并且攀上了受欢迎程度峰值的情况。

最后两种伎俩更难对付一些，而且会形成一种与坏蛋们的军备竞赛。但我们眼下已经身处一场大的军备竞赛中了，而且好人们还输了。这个方法会给好人们这一方加分。比如：

- 如果好人们把安全软件移出操作系统，通常就不可能禁用反病毒软件了。

- 就算是反病毒软件被禁用，系统也能够自动回复感染前收集到的数据以保护未被感染的机器。这就意味着通过重新启动并放入一张特别的清理CD或DVD，就有了一个很好的自动清理被感染机器的方法。自动完成很容易，因为很容易知道坏东西对文件系统做了什么并撤销（在机器启动的时候，坏东西通常还没有运行）。

- 在人们试图欺骗系统时我们可以做很多自动检测。因为所有的判断逻辑都放在云端而不是桌面的一个二进制文件中，坏蛋想要得出全部的判断规则通常会非常困难。在传统的反病毒软件中，坏蛋们可以离线一遍又一遍地测试直到他们知道什么东西能够通过。但现在，反病毒系统将会根据在很大数量的机器上正在发生的事情自动地进行改变。

就算是坏蛋掌握了欺骗系统的方法，安全行业也会处于一个比今天有利得多的处境。可以很方便地让好人们及时了解情况，思考对策，再让客户受到保护。

有几个关于这种方法的问题我想澄清一下：

难道误报仍然不是个问题吗？

是个问题，它仍然可能阻止某些合法的程序。但主流厂商发布的常见程序将不再会遇到这样的问题。人们不得不处理的误报将会是那些不太常见的程序，而且到那时，不是说"这个软件是坏的"，反病毒厂商可能只是说"这个软件有问题。我们会在确认它可以安全运行之后通知您"（参见图39-1的示例）。只要大多数人实际使用的软件都被及时地分级评定，这个方法就会奏效（而且在一家有很大用户群的公司中，这种方法没理由不会奏效）。

图39-1：一个潜在的可疑软件的示例消息

当一台计算机离线而不能查询反病毒软件公司的服务器时会发生什么事情？

这台计算机的反病毒软件肯定会记得哪些程序是好的哪些是坏的。唯一的问题是在离线期间从光盘上安装新软件或者运行某些未知的程序。这种情况下，反病毒软件公司只需缓存一批最常见程序的数字签名信息（可以每日更新缓存，就像数字签名文件通常都是当日的）。对于不在缓存中的程序，它们只需说："你必须联网以确认程序可以安全运行。"让用户自行决定是否要冒这个风险。

难道坏蛋们就不会利用系统漏洞来写好的程序去做邪恶的事情，

而且这不可以绕过检测吗？

会。然而，我们能够采取一些措施来解决这个问题。比如，我们能查看常见好程序的不正常行为来判定它们是否被利用了。而且一旦我们知道某些东西被利用了，我们肯定能锁定它的。

这样的系统不会产生一个巨大的隐私问题吗？

哦，的确有很多与程序相关的数据会被收集，但我所推荐的方法绝不会发送你的真实个人信息。实际上，没有理由让用户必须发送任何个人身份相关的信息。而且如果这变成一个很大的顾虑，厂商可以使用一个匿名化层次（从技术的角度讲非常可行）。此外，用户应该能够选择不参与数据收集。坦率地讲，大多数人并不关心厂商知道他们运行的程序或者他们访问的网站的信息（而且厂商其实最终也不会保留这些信息），只要：（1）这不涉及任何敏感信息，比如个人社会安全号码；（2）厂商使用这些数据是为了让更多人受益；（3）厂商发誓它绝不会把这些数据用于任何其他目的。我想很多人其实只关心第一点。

好吧，那么企业的隐私又如何呢？

有些企业会担心，但很多不会。那些担心的可以坚守传统模式然后面对差很多的安全保护。更有可能的是，反病毒厂商会卖给企业一个大软件包，让它们做自己的数据聚合和分析。它们仍然使用反病毒厂商的数据，但会对分享来的数据加以控制。它们可能要为此种权限支付费用。

难道这不会增加网络流量吗？

恰恰相反。用户通常只会为他们以前没见过的程序与服务器通信，而且上传和下载的数据都会很小。如今，每个客户每天都要下载大量的数据，要比这个新系统发送的数据大几千倍。

一旦这样的系统普及，安全行业就会有很多有趣的方向可以走。

比如，包含所有程序的这个大数据库可以进行除了"好"、"坏"以及"未知"之外的分类。在好的下面可以分子类，例如"可利用"以及"有已知可利用漏洞"，这就让补丁管理变得简单一些。想象一下反病毒软件在你需要升级某个软件时，提示你这是因为该软件有实际的可利用漏洞。或者想象一下反病毒软件在允许你用有可能会被利用的软件做有风险的事情时会给出额外提醒，比如打开一个从互联网上下载的附件。

我们可以对程序进行各种类型的分类。当然，我们可以有间谍软件和广告软件，但"垃圾软件"怎么样？假如，当你在安装一个程序的时候，反病毒软件提示你大多数人装了这个软件后最终都会卸载并且这个程序会拖慢你的计算机（图39-2）会如何？假如它能在你运行程序或者下载程序之前进行类似于亚马逊网站那样对程序的推荐又如何？

图39-2：一个"垃圾软件"的警告示例

在这样的一个平台之上可以建立很多其他有用的商业机会，但那是未来。未来什么时候到来呢？

这些想法中的大多数都已经被实现，至少是以原型的形式，但要看到它们投入生产并覆盖几百万用户还要花几年的时间。整个行业正在以婴儿学步的步伐迈向这个愿景，而且它将继续以婴儿步伐前进，因为没有人希望由于某个厂商发布了不成熟的产品而造成一场灾难。厂商们将会确保构建正确的东西。比如，大厂商会需要确保它们的解决方案能够扩展到百万用户的数量级。

我们已经沿着这条路走了很多步。迈克菲自从2008年年中以来已经发布了一些实时签名文件。而且一些厂商追踪了关于程序普遍性的足够多的信息，这样它们就至少能够开始更好地对资源进行优先级划分。主要大厂商和一些小厂商普遍在后端对程序进行自动推理。

在大部分愿景被实现以前可能至少还需要5年的时间。即便对于整个行业而言这个时间可能还不够长，让厂商在坏蛋们成功地感染计算机时正确地保护自己不让他们禁用反病毒软件（那需要一个虚拟化的方法，但迁移到虚拟化方案的途径很迂回曲折）。

但即使当我们到达了这个我们所期望的世界，必须记住的一件很重要的事情是这些系统只能让问题变得可以控制，它们不能消除问题。仍然还会有病毒感染。仍然会有各种事情导致感染和数据丢失，比如社会工程（social engineering）和软件漏洞。仍然还有网络层的攻击令人担忧。

但世界会变成一个更加安全的地方，尤其是对于那些运行反病毒软件2.0的人们而言。

第40章

VPN通常降低了安全性

VPN（Virtual Private Network，虚拟专用网）的基本思想是让具有正确凭证的用户通过互联网访问正常人根本看不到的资源。通常这是通过一台机器连接到一台VPN服务器并进行身份认证实现的。那台机器就能同时访问公共的互联网和专有的内部网络。

比如，很多公司允许其雇员在办公室之外查收工作电子邮件，但只有在他们使用VPN时允许访问。如果一个雇员通过VPN进入了公司的内部网络，而且他的计算机已经被感染了，在被感染机器上登录的坏蛋突然就能看到一大批以前没有的机器。见鬼，可能那个坏蛋还会针对受害者公司和公司特定的环境散播某些恶意软件。

人们自己的计算机被感染。为什么要把你公司的网络置于不必要的危险当中呢，只是为了让人们查收一下电子邮件？直接把你的电子邮件服务外包给一个软件即服务（SaaS）供应商就行了。或者继续运营你自己的邮件服务基础设施，但很严格地锁住这个网络以防软件中的安全漏洞。

当人们想用的大部分服务没有采用强认证机制并且一家公司所有的服务都运行在一个网络中，而且这些服务之间都能互相访问时，VPN就非常有意义。但如今的时代已经不是这样了。大多数公司的员工使用的服务都有强认证机制，而你能用比5年前好很多的手段把那个服务放在主机上或隔离开来。

而且，VPN拨号通常相当见鬼地不方便！

第41章

易用性与安全性

在本书中我已经几次谈论到这个话题了。通常，易用性（usability）与安全性（security）之间存在着矛盾，因为更强的安全性常常会导致一个易用性更低的系统，而一个易用性更高的系统通常安全性较低。

我认为这是个错误的二分法。肯定有兼具易用性和安全性的系统。比如，我们在第35章谈论了通过应用零知识密码协议提高密码系统的安全性。做得对，实现这样的系统也会提高易用性，因为它会让传统的密码远比今天的安全得多。

有很多其他的安全性和易用性携手并进的例子。如果你给用户选择的权力，一个是用具有已经证明的强特性的最强加密算法构建的安全连接，另一个是某种传统的东西（但可能有安全问题），很多人都会选择后者——他们听说过的系统。见鬼，如果你给人们关闭的选项，有些人就会把加密关掉。最好是不要提供选项，而取消选项也会带来最简单的用户界面。只需要给大家一个安全连接就可以了。

当看起来要在安全性和易用性之间作折中选择时，很有可能是有一个更好的解决方案被忽略掉了。可能设计者没有花时间来找出这个方案，或者可能他没有花时间来为这个方案奋斗。不论是哪种情况，每个人都输了。

第42章

隐私

到目前为止，人们应该对互联网中无隐私这个事实有个合理的预期了。如果你想要隐私，你就不得不仔细地去读那些字号小得难以辨认的隐私条款，找出到底什么隐私得到许诺以及在何种条件之下。大多数人不考虑这个问题，即使他们考虑了，也不是非常在意。

与此相反，很多极客非常关心隐私问题。然而，他们很少有人知道他们是极少数。

我认为我很典型。我很乐于保障自己的隐私，但只要不是牵涉我的个人财务信息以及诸如此类的（跟我念：我不想让我的钱/身份信息被盗），我真的只是在道德、理论的层次来反对侵犯隐私。它不是我的主要动力，而我经常愿意牺牲一些隐私来换取更多的功能。通常我不会偏离常规来要求更多隐私，除非明显我有要隐藏的东西。但我几乎从来没有什么要隐藏的。

大多数其他人似乎也有同感：理论上隐私是件好事，但如果你没有什么要隐藏的东西，又有什么大不了的？可能这是个羞耻，但现实就是如此。

第43章

匿名

如同隐私，匿名在理论上听起来很好，但在实践中没人关心。有家叫做Zero Knowledge的公司在这方面有痛苦的经历，当时它提供了一个很酷的付费服务让人们匿名地使用网络。这个服务运作良好，但没人在意。

同时匿名也有显著问题，比如缺乏可靠性。比如，就在我写本章的前一天晚上，我的一个同事不得不花几个小时的时间与警方合作，因为有人用VoIP电话打了911报警电话并声称自己是我那位同事。

匿名是一个了不起的想法，但却无处实现。很长时间以来如果没有身份证明的话你是不能乘飞机的，但现在发展到我如果没有政府颁发的合法身份证明的话，甚至都不能乘火车(Amtrak)。一方面，这种现状让我非常担心；但另一方面，我的确同意可靠性很重要。

哦，我没什么要隐藏的东西……

第44章

改善对补丁程序的管理

众所周知，软件有安全漏洞，而且关于为什么修复软件需要花时间我们也了解了很多。但大多数时候，在公布一个安全漏洞的同时发布补丁，然后坏蛋们就有得忙了。通常，他们最短在一个月的时间里可以毫不费力地找到还没安装补丁的用户。

但为什么我们就不能让每个人都及时给软件安装补丁程序呢？毕竟，如今的绝大多数程序都有自动更新工具，如此一来我们就不必记着去检查新软件了。

有几个问题。在企业环境中，人们想要在安装补丁之前确认补丁程序的稳定性，以避免影响生产力。一个并没有被频繁利用或者危险性低（可能是因为用户主要都在防火墙后面，或者也许不允许用户打开从网上下载的随机文件）的安全漏洞可能没有不稳定的补丁程序那么危险，后者会导致应用程序频繁崩溃，然后破坏了整个企业的生产力。

补丁程序的问题并不仅是企业的问题。普通人也不安装补丁程序。我看到我的父母亲和朋友们几个月甚至几年都对他们的计算机的升级提示视而不见。

该死，我自己安装补丁程序也不够勤快。虽然我不会几年都不升级，但拖一两个星期还是有的。

原因？就算是一切都自动化了，安装补丁程序通常对生产力都是沉重的打击。如果我为网络浏览器安装补丁，就必须重启它，但在任何时候，我可能都有40个页面开着，其中5～10个页面是我还想读的。在愉快地关闭浏览器之前我需要浏览全部页面并处理那种状态，这种事情通常我只有一两个星期才会做一次。对我而言，微软的办公软件也是同样。我能坚持很长一段时间不升级操作系统也是出于同样的原因。

像我的待办事宜管理器和新闻阅读器，我很乐意给它们安装补丁程序，这两个程序基本上关闭和打开时在我看来状态一样。很大的区别就在于，如果我安装更新，我的生产力不会真正受到影响。

我的补丁安装原则就是软件厂商应该对生产力没有影响或者降到最小。比如，下载更新时别让我等待，也别不能使用应用程序。在后台下载更新，然后在准备好安装的时候再通知我。

而且也别让我重启计算机。这条绝对应该是底线。事实上，大多数操作系统都花费了极大的精力来确保大多数程序不必这样做。不幸的是，安全软件是少数有时仍然需要重启的软件之一。

当然，如果应用程序能够在运行的同时安装补丁就太好了，但事实上这个并不合理。然而，大多数软件厂商应该能够做得足够好来保存你的状态，然后他们才能关闭，安装更新，然后重启，恢复你的状态，似乎什么都没有发生过。你所有的损失就是从点击"安装更新"到恢复运行之间流逝的时间。

如果对生产力的影响最小化，我很乐意在空闲时自动地更新大多数程序。对大部分程序而言，我没有企业的那些问题——我并不介意偶尔的不稳定，只要修复程序发布得够快（或者我能轻易地撤销更新回到上一版本）。

无论如何，人们总是迟缓地安装补丁程序，而且直到得到下一部新计算机，很多人都不升级他们的反病毒软件（或者续订已经过期的反病毒软件）。软件安全行业所能做的最好的事情就是确保更新程序绝不会对生产力有大的影响，从而让人们没有借口不去进行更新。

第45章

开放的安全行业

表面看起来，安全行业是相当开放的。比如，很多公司通过在云计算环境中运行无数反病毒程序来提供反病毒服务，然后如果一定数量的其他反病毒程序都认为某个程序是坏的，那么就宣称这个程序是恶意软件。从个人角度看，我很惊讶没有公司因为这种反病毒"投票"机制而被告上法庭。尽管整个行业或许容忍这样的情况，但它一般并不鼓励开放。

各家反病毒软件大公司之间在特征文件的编写和与恶意软件的斗争中存在着海量的重复劳动。所有的公司有几十个人在为同一件事情编写数字签名。而大多数的签名只是用简单模式匹配得到的，并不存在任何高精尖的知识产权。与此同时，外界的恶意软件数量呈爆炸式增长，而没有任何一个厂商能够独自快速成长以赶上这个速度。

其实我已经提出了一个做事情的更好方法，同样成立的是，如果能够制定一个标准化的签名定义语言并且共享恶意软件的特征文

件，这样我们就不会重复劳动，能把软件安全世界变得更好。这
并不像看起来的那样遥远。所有的主要反病毒厂商已经在每天互
相共享恶意软件样本。我们都能拿到别人发现的恶意软件，为什
么要重复这份苦差事呢？

相反，让我们把行业竞争放在真正有价值的地方，就是厂商如何
实现安全性以及终端用户的良好体验。我们不必设置多余的障碍
来妨碍我们达到在当今的科技条件下能达到的安全高度。

没错，软件安全公司的目的是为了盈利，但它们也肩负着为公众
提供最好的安全保护的职责。软件安全公司们，开放你们的应用
程序编程接口并且团结起来成为整体。用人们都想用的产品来把
自己与他人区别开来。

第46章

学术界

在刚进入安全行业的时候，我是一个学者，写会议论文，批准议案，以及诸如此类的事情。即使是在做咨询和产品开发的时候，我也试着做一些在学术上有趣而又实用的东西。

经历过学术和实践这两极后，我想说大多数情况下学者并没有产出很多能对现实世界有较大影响的实际成果。当然也有一些例外，这些例外大部分在加密学领域（这个安全子领域因为有实际应用程序而普遍要好得多，尽管仍然有很多这个领域中的人埋首于学术，对现实世界的系统从来都不感兴趣）。

这种现状有很多原因，其中重要的一条就是企业和学者之间的成果共享不多。比如，我的第一家初创公司开发了很酷的安全工具用来查找缺陷，领先于当时的学者研究。几年后，还有学者发表新论文来重新发明我们很久以前就做过但却从未与人分享的东西，主要是因为当时我们认为不公开发表更好些。

我在反病毒和入侵检测领域也看到了同样的现象。很多学者正在重新发明那些企业界已经为之工作了好几年的东西。或者他们提出看起来可行的系统，而一旦有人把这项技术应用于现实世界并大规模部署后就会发现所有问题（很多关于检测"坏东西"的学术论文从作者的角度来看都挺好，但在现实中却有严重的准确率问题）。

学者之所以痛苦，不仅在于他们不知道企业的成果。他们的痛苦还来自于没有充分理解问题所在。学者并没有花足够的时间来跟客户或者行业里的公司一同工作，以发现真正需要解决的问题。部分是因为学者往往更加专注于可发表的成果，而不是那些亟待改善的真正问题。

学术评分是个很好的东西，但文章通常必须达到一个很高的"原创性"门槛，在安全领域这是件糟糕的事情。在现实世界中，有益的情况是"这是我们提出的系统。它是很多想法结合在一起的产物，但它是一个全新、原创性的系统。"目前，学者并不能因为破解事物而获得可用于晋职的成绩（尽管他们可能会为了博取名声而这样做）。但如果学术界能够通过公开地分析那些系统而获得学术出版成绩，就太好了。我认为他们应该通过为行业贡献了实际可行的方法来获得成就认可——毕竟这会造就更美好的世界。

一般来说，学术界和企业界之间并没有充分地合作和沟通。很少有学者来参加大型行业会议，比如RSA（例外是加密学研究者会来参加）。而产品开发人员或者采购安全解决方案的行业人员也很少去参加学术会议，比如IEEE Security and Privacy和USENIX Security这两个会议。USENIX Security其实应该是以实践为导向的，但当我在浏览会议记录时，很少看到真正能让我兴奋的东西。我不记得上一次我想到"那个将拯救世界"，哪怕是想到"哇，那将让某人省点钱"是什么时候的事情。另一方面，当我与在企业界工作的人交谈时，经常会了解到有用的或者更加具备性价比的解决方案。

我不知道如何修正这个问题。这是个恶性循环：学术界越无关紧要，企业界就花越少的精力来改进相互之间的关系，而这又让学术界更不能为企业界提供价值。

再次重申，虽然我认为这是一个令人不安的趋势，但总有很多例外。我对那些为学术界和企业界的鸿沟搭桥的人充满了敬意，他们中的很多人是令我骄傲的朋友（比如 Gene Spafford，Avi Rubin，Ed Felten、Tadayoshi Kohno和David Wagner）。

但我的确乐见在这方面有很多改善。一想到有那么多聪明人在安全领域努力工作却只有区区可怜的影响力，我就会痛苦。

第47章

锁匠

如今很多办公室都有电子锁并用接触式门卡来开门。我非常想给我家装这样的锁，但很难找到能够听懂你在讲什么的普通的锁匠，更别提知道怎样安装这些锁了。每个懂这些的人可能都关注于为办公室安装这样的锁。

总有一天这项技术会走向大众。我希望用一张卡片能打开我分散在各处的全部锁。更妙的是，我不想用卡片而想用手机。此外，让我用某种计算机控制的家庭自动化系统来选择谁能用哪一个锁以及何时使用。比如，孩子们可以打开酒柜，但只能是他们年满40岁时，而且只能在平安夜。

缺少具备科技技能的锁匠是今天的一个大问题，但随着时间推移这个问题自然会解决。这个行业最大的问题却是即使最好、最棒的电子锁也需要配物理钥匙作为后备。

这是消防条例的问题。如果一栋建筑里的电力中断而你又必须穿过一扇用电子锁紧锁的门会发生什么？要么在电力中断时它必须解锁（这是个巨大的安全漏洞），要么就需要一个不用电的后备锁。

物理锁其实真的很容易挑选，除非你挑那些极贵的。如果不是为了这个麻烦的电力问题，在我们愿意购买电子锁的情况下还到处安装物理锁是性价比不高的方案。

或许有解决方案能够应对这个难题。我想电子锁应该都带有后备电源。或许你得先把一节AAA电池装进门里，然后再挥动你的接触卡。或许门把手也可以是手柄，你摇动它直到它能提供足够的电力。当然，为了避免令人懊悔的灾难，法律应该规范什么可以接受而什么不可以。无论如何，我们应该能够取消传统的用钥匙打开的锁，如果我们真要这样做的话（尽管离电子锁随处可见并且接近物理锁的性价比那天的到来还有很长的一段时间）。

注意很多电子锁都用网络来访问身份认证数据库。当停电时，这个锁或许需要一份数据库的缓存拷贝，而里面多多少少保存着一些不常更新的认证信息。

虽然，这不是什么大不了的。

第48章

关键基础设施

差不多每年一次，安全杂志都会热烈讨论对电网这样的设施进行攻击的事情。到目前为止，我从未看到有任何证据表明这些设施出现过任何重大问题。但这不代表不会发生。

首先，留意设计关键基础设施信息技术控制系统的人很重要，这个系统通常被称为SCADA (Supervisory Control and Data Acquisition，监视控制和数据采集)系统，在设计时已经考虑了各种问题并采取了应对措施。比如，通常这样的系统根本不直接连接到互联网。

然而，有些研究已经表明了关键基础设施的弱点。我知道几个案例，那些系统被人从互联网间接地访问到了，尽管这与系统设计者的初衷不符。比如，如果一台计算机有两个网络，一条网线连接着SCADA系统而另一条连到互联网，任何在互联网上的人如果攻破这台计算机就能看见SCADA系统了。我毫不怀疑曾经有过很多这样的案例，坏蛋们用病毒感染了一台机器，而这台机器在SCADA网络中占据一席之地，但没人注意过这种情况。

我想知道有多少人真正在寻找核电站作为目标，就像在《24小时》中表演的那样？或者是关闭整个互联网（我曾经在一个政府项目中研究过这个问题……见鬼，它比你想象得可难多了）。

无论如何，我不是杞人忧天。我想事情大部分都没问题。关键基础设施总是面临最大风险，包括从常规的老式内部人员攻击到物理攻击，我想这就是它要面对的现实，至少我们听到这样的事件已经从几个月一次变成每天一次了。

后记

安全行业中的很多人喜欢宣扬黑暗和毁灭。这让他们赚到钱而且
人们通常最后都相信这些人兜售的东西。

我猜在本书中我也做了同样的事情，宣扬黑暗和毁灭。但与宣传
客户被打击相反，我宣扬的是安全行业被打击——我根本不认为
客户被打击了。目前，安全问题只是不方便而已（在企业环境
中，可能是一个昂贵的不方便）。它们并不是毁灭性问题。

当我在2008年的年中开始写作本书时，我刚刚离开迈克菲加入了
一家创业公司。现在，就在即将完成本书的最后几天里，我又被
收购回到了迈克菲。

很多人用不同方式问我这个问题："回到一家大公司你觉得糟糕
吗？"很显然他们的言下之意是认为迈克菲很傻（通常他们认为
所有大公司都很傻）。

事实上，我喜欢迈克菲，也为它的今天骄傲。从我一开始加入到
现在的时间里，它的反病毒解决方案质量已经从中庸达到了最佳
状态。与竞争对手相比，几乎迈克菲所有的安全技术都是世界级
的水准。而且它也开始实施我在书中谈到过的某些宏大远景，比
如将安全迁移到云计算中。

迈克菲在满足企业需求方面做得尤其出众，企业需求是我在本书中尽力避免的领域，但对于市场而言却无比重要。

这并不是说我就是个迈克菲的鼓吹者。它是个大公司而且偶尔也有我不喜欢的事情。但，我认为领导力很重要，科技很重要，远景也很重要，否则我也不会加入这家公司。

而如果我环视整个行业，大多数大公司都有优缺点。行业中还有大量的障碍存在。安全极客关注安全，他们不关心易用性也不关心成本。市场销售人士只关心销售和让产品容易销售的市场宣传，哪怕在这过程中利用坏蛋们。

用户或许认为他们需要安全，但其实他们通常并不想要它。而且，当他们有了安全软件时，体验通常非常糟糕。现在还不是很清楚用户愿意为了安全而付费。

总体而言，我对现状失望，哪怕我理解为什么我们会到今天这一步。我认为做得更好并不难。某些情况下，行业的方向对了，但只是移动得不快而已。

真的，及时地改善是可能的，但这需要人们比目前关注得更多。我不确定这是不是会很快发生，但我希望的确如此。

关于作者

John Viega是迈克菲公司软件即服务业务部的首席技术官（CTO），而他之前是迈克菲公司的副总裁、首席安全架构师。他也是几家安全公司的活跃顾问，包括Fortify和Bit9。他是数本安全专著的作者，包括《Network Security with OpenSSL》（O'Reilly）和《Building Secure Software》（Addison-Wesley），同时还是O'Reilly出版的《安全之美（Beautiful Security）》的合著者。

John负责几个软件安全工具，同时也是Mailman这个流行邮件列表管理器的原作者。他在IEEE和IETF中完成了广泛的标准化工作，并且共同发明了GCM——一种被美国国家标准与技术研究所（直属美国商务部）标准化了的加密算法。他从弗吉尼亚大学获得了本科和硕士学位。

出版说明

封面的图片是由Jupiter Images提供的资料照片。